中高职一体化课程改革成果教材
服装设计与工艺专业

服装材料认知与应用

○主　　编　于丽娟
○执行主编　沈　雁
○执行副主编　张益女

中国教育出版传媒集团
高等教育出版社·北京

内容提要

本书是服装设计与工艺专业中高职一体化课程改革成果教材，依据职业教育专业教学标准和浙江省服装设计与工艺专业中高职一体化教学标准、服装材料认知与应用课程标准进行编写。

本书分服装材料基础认识与服装材料运用实践两个模块。服装材料基础认识模块包括认识服装面料、认识织物外观和性能、认识服装辅料三个项目，服装材料运用实践模块包括服装面辅料运用实践、服装标志与洗涤收纳两个项目。每个项目分为若干个任务。全书图文并茂，兼顾实用性与科学性，力求学习内容既有适当深度，也有一定的广度。

本书配套丰富的辅教辅学资源，请登录高等教育出版社新形态教材网（https://abooks.hep.com.cn）获取相关资源。详细使用方法见本书最后一页“郑重声明”下方的“学习卡账号使用说明”。

本书可作为职业院校服装设计与工艺专业教学用书，也可作为服装类其他相关专业教材使用。

图书在版编目（CIP）数据

服装材料认知与应用 / 于丽娟主编 ； 沈雁执行主编 . 北京 ：高等教育出版社，2025. 2. -- ISBN 978-7-04-063174-6

Ⅰ. TS941.15

中国国家版本馆 CIP 数据核字第 2024Z1N239 号

FUZHUANG CAILIAO RENZHI YU YINGYONG

策划编辑 孙 璐 司马镭
责任编辑 司马镭
封面设计 李沛蓉
版式设计 童 丹
责任绘图 李沛蓉
责任校对 马鑫蕊
责任印制 存 怡

出版发行 高等教育出版社
社 址 北京市西城区德外大街4号
邮政编码 100120
印 刷 中煤（北京）印务有限公司
开 本 889mm×1194mm 1/16
印 张 12.75
字 数 240千字
购书热线 010-58581118
咨询电话 400-810-0598
网 址 http://www.hep.edu.cn
http://www.hep.com.cn
网上订购 http://www.hepmall.com.cn
http://www.hepmall.com
http://www.hepmall.cn
版 次 2025年2月第1版
印 次 2025年11月第2次印刷
定 价 54.00元

本书如有缺页、倒页、脱页等质量问题，请到所购图书销售部门联系调换

物料号 63174-00

中高职一体化课程改革（服装设计与工艺专业）
配套教材编写委员会

主　　任　祝鸿平
编　　委　崔　陵　于丽娟
　　　　　郑卫东

服装材料认知与应用

本书编写组
主　　编　于丽娟
执行主编　沈　雁
执行副主编　张益女
编写人员（以姓氏汉语拼音排序）
韩春丽（湖州艺术与设计学校）
陆　佳（湖州艺术与设计学校）
赵苏林（天台县职业中等专业学校）

编写说明

为进一步完善现代职业教育体系，更好地适应产业跃迁和学生全面发展的需要，浙江省先试先行，开启了中高职一体化课程改革的探索和实践。2021年6月，省教育厅办公室印发《浙江省中高职一体化课程改革方案》，首批遴选10大类30个行业岗位技术含量高、专业技能训练周期长、社会需求相对稳定、适合中高职一体化培养的专业，探索长学制培养高素质技术技能人才。2023年12月，教育部和浙江省人民政府印发《关于加快职业教育提级赋能服务共同富裕示范区建设实施方案的通知》，明确提出要“打造互融互通的技术技能人才成长通道”“改革创新长学制人才培养模式”。中高职一体化课程改革先后被列入《浙江省教育事业发展“十四五”规划》《浙江省职业教育“十四五”发展规划》，成为浙江省“十四五”期间职业教育重点工作。

本轮课改秉承立德树人、德技并修的育人理念，立足服务国家重大战略、产业转型升级和人才培养需求，以培养高素质技术技能人才为核心，遵循技术技能人才的成长规律，坚持“省域统筹、协同推进，一体设计、递进培养，科研引领、调研先行”的课改原则。统筹推进，由国家“双高”院校牵头，组织开设同一专业的中高职院校共同开展课程改革；一体设计，科学设计“专业调研—职业能力分析—专业教学标准研制—核心课程标准研制”的技术路线，以专业教学标准为依据，实现中高职课程的一体化设计和教学内容的有效衔接与递进；科研引领，通过设立省中高职一体化课改重大课题，采取首席专家领衔制开展研究，助推课程改革，并以问题为导向，聚焦目前中高职衔接中人才培养目标模糊、课程内容重复等主要问题，全面了解、准确把握行业企业发展趋势及人才需求、中高职学校教学现状及人才培养情况，在深度调研、科学论证的基础上，整体设计人才培养目标及规格，研制了中高职一体化专业标准体系。截至目前，我省已完成30个专业的中高职一体化职业能力标准、专业教学标准及451门核心课程标准的制定。2023年8月，浙江省教育厅办公室正式发布《浙江省中高职一体化30个课改专业教学标准》。

为打通课程改革“最后一公里”，全面落实中高职一体化专业教学标准进课堂，推动课程改革落地见效，我省同步启动30个专业的中高职一体化课改系列教材编写工作。我们邀请行业企业专家、职教专家、教研员及中高职一线骨干教师组成教材编写组，根据先期形成的专业教学标准和核心课程标准，共同开发本系列教材，几经论证、修改，现付梓。本系列教材注重产教融合，将行业需求、企业实践与教学紧密结合，内容体现产业发展的新技术、新工艺、新规范。

由于时间紧，任务重，教材中难免出现不足之处，敬请专家、读者提出宝贵的意见和建议，以求不断改进和完善。

浙江省教育厅职成教教研室
2024年1月

前言

“服装材料认知与应用”在服装设计与工艺专业中高职一体化教学标准中被列为核心课程。为了进一步贯彻落实教育部《中等职业学校服装设计与工艺专业教学标准（试行）》，对接企业新工艺、新标准的要求，本书在编写中依据《浙江省职业院校中高职一体化专业人才培养指导性方案》和《浙江省中高职一体化30个课改专业教学标准》的相关精神，以模块化、项目式教学的专业课程模式，重构项目，充分体现“做中学、做中教”的设计思路。

本书共有服装材料基础认识与服装材料运用实践两个模块，包括认识服装材料、认识织物外观和性能、认识服装辅料、服装面辅料运用实践和服装标志与洗涤收纳五个项目。

本书围绕服装材料认知与应用的核心技能组织教学内容，打破传统重理论轻实践的服装材料知识体系，加强服装材料知识与服装设计、服装制版、服装工艺之间的关联，同时以递进性原则串联重要知识点，符合中职学生认知特点。本书配置了大量高清图片，增强直观性，帮助学生认识与理解较为抽象的知识点。尤其是面料图片，在正常比例图片的基础上增加了放大比例的细节图，更利于学生区分面料组织，辨认面料特点。

“服装材料认知与应用”课程建议开设2个学期，共计72学时，各校可以根据实际情况进行调整。

模块	项目	建议学时
模块一 服装材料基础认识	项目一 认识服装面料	18
	项目二 认识织物外观和性能	12
	项目三 认识服装辅料	6
模块二 服装材料运用实践	项目四 服装面辅料运用实践	30
	项目五 服装标志与洗涤收纳	6
共计		72

本书浙江省教科院于丽娟担任主编，由绍兴市柯桥区职业教育中心沈雁担任执行主编，慈溪市锦堂职业高级中学张益女担任副主编。项目一由沈雁编写，项目二由赵苏林、韩春丽、沈雁编写，项目三由赵苏林、沈雁编写，项目四由张益女、赵苏林、陆佳、沈雁、韩春丽编写，项目五由陆佳编写。感谢POP趋势网提供高清款式图片，感谢绍兴市柯桥区职业教育中心钱军、陈梅琴提供面料相关数据。

感谢使用本书的广大师生，感谢你们对本书的关注，并希望社会各界和广大师生对本书提出宝贵的意见和建议。教材将在使用中不断完善，我们将根据教学反馈提高教材质量，体现中高职一体化课程改革教材特色，护航人才培养高质量发展，合力打造适应时代要求的精品教材。如有使用反馈，请发邮件至zz_dzyj@pub.hep.cn。

编　者

2024年 6月

目 录

模块一 服装材料基础认识

项目一 认识服装面料 003

任务一 认识纺织品生产 004
任务二 认识常见纺织纤维 008
任务三 认识常见纱线 020
任务四 认识常见织物 026

项目二 认识织物外观和性能 035

任务一 识别织物外观 036
任务二 测量织物规格 047
任务三 认识织物性能 058

项目三 认识服装辅料 072

任务一 认识常见服装辅料 073
任务二 认识纽扣 085
任务三 认识拉链 090

模块二 | 服装材料运用实践

项目四 服装面辅料运用实践 097

任务一 认识棉型面料常见品种及其运用 098
任务二 认识麻型面料常见品种及其运用 114
任务三 认识丝型面料常见品种及其运用 122
任务四 认识毛型面料常见品种及其运用 137
任务五 认识化纤面料常见品种及其运用 152
任务六 认识针织面料常见品种及其运用 163

项目五 服装标志与洗涤收纳 175

任务一 认识与制作服装标志 176
任务二 常见材料服装的洗涤与收纳 185

参考书目 193

模块一

服装材料基础认识

中华文明历史悠久，距今约7 000年至5 000年，出现了制陶、纺织等手工生产形式。至汉武帝时代，丝绸之路的开通使得以丝绸为代表的中国物质文化和精神文明逐渐远播全世界。纺织服装业在我国有着不同寻常的地位。从文化上来讲，中国的服装（服饰）文化历史丰富厚重、绚丽多彩，使得我国被誉为“衣冠王国”；从经济上讲，中国的纺织服装业既是传统产业，也是优势产业，为国民经济发展做出了巨大的贡献。

服装能够从侧面反映人们的生活方式和生活水平，展示人们的思想意识与审美情趣。服装色彩、服装款式和服装材料构成服装的三要素，其中，服装材料最为基础，是服装的具体载体，服装的功能必须依赖服装材料才能实现，服装无法离开材料单独存在。如今，服装材料具有的高科技含量，使其在服装成衣设计和制作中占据重要地位。掌握服装材料的基础知识，并能运用到设计、制版、缝制、营销等工作环节中，是服装专业人员应有的职业素养。

项目一 认识服装面料

项目导言

材料是人类用以制造各种物品的物质，简言之，服装材料就是用于制作服装的物质。服装材料的种类繁多，而且仍在持续开发、不断创新。

服装行业通常将服装材料分为服装面料和服装辅料两大类。服装面料指构成服装的主体材料，大多由纺织品制成，也有动物皮革等天然制品或塑料薄膜（聚丙烯）等人造制品。服装辅料指除主体材料之外的其他所有辅助性材料，其来源更加复杂，既有纺织品，也有金属、高分子聚合物（塑料）、玻璃、贝壳、羽绒等。

本项目将帮助学生了解纺织品的生产过程，掌握纺织纤维、纱线和织物的种类与性能，为顺利进入服装材料世界打好基础。

思维导图

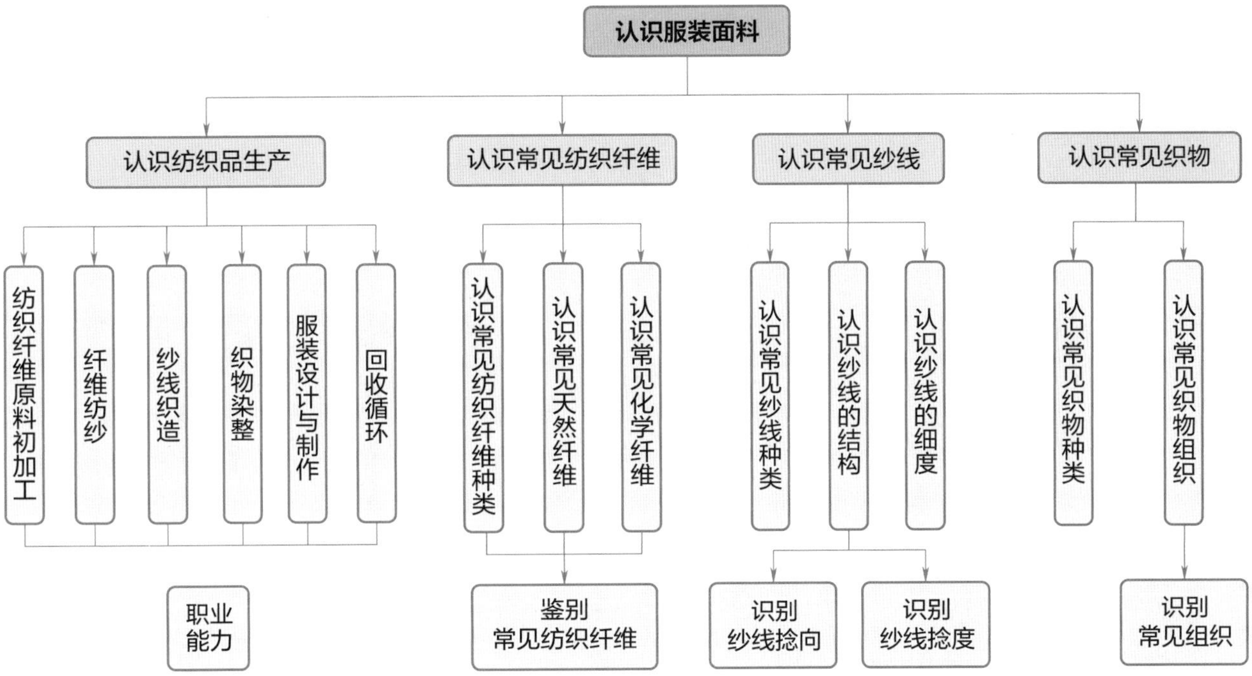

任务一

认识纺织品生产

学习目标

了解纺织服装产业链的工序与流程，树立良好的生态文明观。

核心知识

服装是人类特有的文化现象。衣、食、住、行，在人类社会生活中，服装是必备的生活要素，具有遮挡功能、保暖功能、装饰功能、标识功能等。1965年，苏联宇航员借助宇航服的特殊功能以及其他生命保障设备，第一次实现太空行走，这也标志着服装材料一次跨越式进步。服装材料的发展前景广阔，等待年轻的同学们去探索与开发。

服装是由服装材料构成的，服装材料大部分属于纺织品。因此学习服装必须熟悉服装材料，学习服装材料必须先了解纺织品生产流程。认识纺织品生产，关键在于认识生产流程各工序及其相互关系。

能力训练

认识服装生产流程

■ 学一学 ■

（一）纺织服装产业链

纺织服装产业链，也称大纺织产业链，始于纺织纤维原料初加工，经过纤维纺纱、纱线织造、坯布染整、服装设计与制作等环节，终端产品为服装，见图1-1-1。

1. 纺织纤维原料初加工

纺织纤维原料初加工是纺织服装产业链的第一道工序，天然纤维与化学纤维的加工方式完全不同。

天然纤维原料普遍含有非纤维性的杂质，如棉纤维中残留棉籽，毛纤维中混有油脂、草和沙土，麻纤维中含有胶质。这些杂质会破坏织机，妨碍染整加工顺利进行，更会影响织物外观和品质。

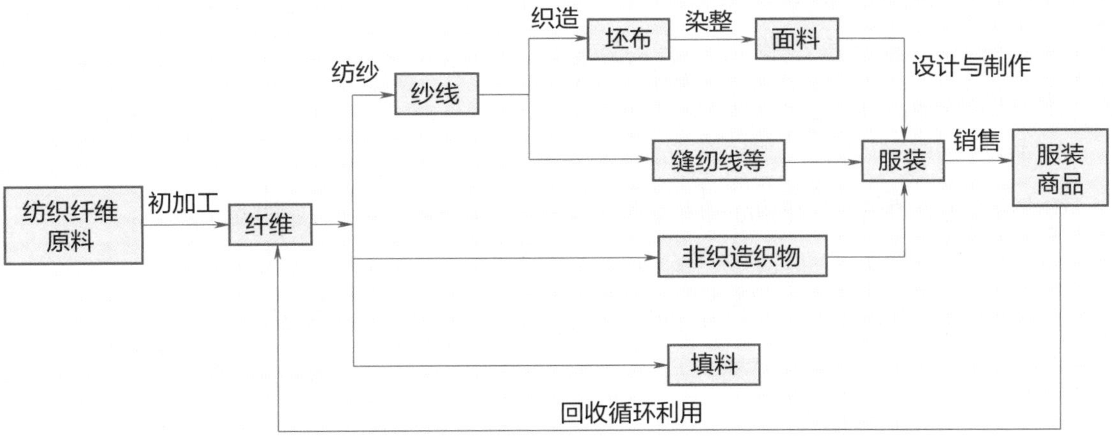

图1-1-1　纺织服装产业链（以短纤维纺纱为例）

因此纺纱加工前，必须对天然纤维原料进行初加工。通过松解纤维、分离杂物、梳理纤维束，制成洁净而整齐的、符合纺纱要求的可纺纤维。

化学纤维是将石油、煤炭等通过化学方式聚合纺丝而成的。在设备允许的条件下，化学纤维的长度可以无限长。

2. 纤维纺纱

纤维纺纱是纺织服装产业链的第二道工序。除了填料和非织造织物，其他所有纺织品均经过纱线制成。纤维类型、纱线构造方式和生产方法的不同组合，所形成纱线的类型亦不同。

短纤维纺纱是运用加捻的方式，使短纤维形成相互抱合的状态，并在足够的摩擦力下形成连续无限延伸纱线的一个工序。可纺纤维经过纺纱工序，可制成具有一定长度、强度、细度、弹性、延伸性的纱。

桑蚕丝是天然长丝。生丝是通过缫丝工艺从蚕茧中抽取得到的。化学长丝纱是将化学纺丝溶液通过喷丝孔制成长丝纤维后，集束成纱，再根据需要变化成其他的形态。长丝纱不需要像短纤纱那样为了增加强度而加捻，长丝纱加捻仅仅是为了让纤维束集中在一起。

3. 纱线织造

纱线织造是纺织服装产业链的第三道工序。纱通过交织或串套成为块状的织物，也可由纱合并加捻成线后再织造。由经纱和纬纱交织而成的织物为机织物，其经纬纱互相垂直排列。由经纱或纬纱平行排列并相互串套而成的织物为针织物。

每一种不同的纤维组合，或不同的纱线配伍方式，或不一样的组织构造方式，都会给织物带来一系列新的性能，也给服装设计师带来无穷的灵感。

4. 坯布染整

染整包括染色、印花和后整理等，是对坯布即织物的深加工，是纺织服装产业链的第四道工序。

染色和印花都能赋予织物优良的光泽和鲜艳的色彩。除了坯布印染，还可以对纤维或纱线染色后再进行纺纱和织造，制成的织物分别称为色纺布和色织布。

后整理是通过物理、化学、生物等方法相互结合，改善织物的外观风格和内在质量，提高服装材料的性能。常见的后整理方法有热定型、轧光、丝光、起绒、树脂、仿旧等。例如，在仿旧整理牛仔服装时，通常采用水洗加工和砂洗加工两种方式，以得到柔软舒适的手感效果和磨白、陈旧的外观效果。

5. 服装设计与制作

随着人们环保意识日益增强，服装中的甲醛含量、重金属残留等被严格控制，设计师会主动选择绿色节能环保的、对环境无污染或低消耗的服装材料。目前，如天丝、牛奶纤维、甘蔗纤维等可回收材料，逐渐受到服装设计师们的青睐。

织物是二维形态的，经过制版、裁剪与缝制、熨烫等工序制成三维形态的服装产品。目前，既有根据GB/T 1335—2008《服装号型》及企业标准，通过流水线生产的成衣；也有更能满足客户个性化需求，根据客户特点量身定制的定制服装。此阶段是纺织服装产业链的第五道工序。

6. 回收循环

纺织服装生产过程中的水、电消耗量较大，例如，棉花种植的过程中可能需要使用杀虫剂和灌溉大量的水，因此对纺织服装生产环境可持续发展问题的研究，成为当下的重要课题。在过去的几十年里，伴随着时尚潮流快速更替，人们的新衣购买量大幅提升，导致许多旧衣物被抛弃，给环境带来巨大负担。坚持保护良好生态环境是普惠型的民生工程，每位服装消费者都应该积极参与旧衣物高效回收和再利用的活动，为实现环境保护和资源可持续发展目标共同努力。回收循环工作贯穿纺织服装产业链全过程。

（二）服装材料发展趋势

纺织服装的生产与科技发展紧密相关。在科技的推动下，纺织生产从手工，到半机械化、全机械化，再到智能化；染料从天然的植物、矿石染料到各种化学染料；纤维也从天然纤维到各种化学纤维。各种后整理技术的应用，更赋予服装材料全新功能，服装材料的发展前景非常广阔。目前，服装材料主要有以下四个发展方向。

1. 服装材料实现多领域跨界

服装材料以服用为主，向“三足鼎立”局面发展，即服用、家用和产业用三大领域。家用纺织品包括窗帘、床上用品、毛巾等，产业用纺织品包括人造血管、土工布、轮胎帘子线、筛网等。而且家用和产业用纺织品所占比重越来越大，目前已经超过服用纺织品。

2. 天然纤维更优秀

天然纤维通过改良，能使棉更抗皱，麻更柔软，真丝不易褪色，羊毛能机洗……为保证天然纤维织物的服用安全性，以植物染料代替化学染料进行染色，并且在后整理中不使用甲醛助剂。通过各种手段，打破生产瓶颈，充分开发和利用除传统棉麻毛丝之外的优秀天然纤维，如彩棉不用经过漂白、染色等工序，对皮肤无化学性刺激；罗布麻具有保健、抗菌的功效；木棉纤维具有独特的吸湿性和保暖性。

3. 化学纤维更全能

化学纤维进行差别化加工后，能使织物具有天然纤维的外观和手感，提升吸汗、透气、透湿、保暖等服用性能，增加隔热、抗静电、防辐射、防紫外线、防污、阻燃、变色等特殊功能。

4. 织物更轻薄、穿着更舒适

天然纤维中的高支纱织物、化学纤维中的超细纤维织物，具有轻盈、飘逸的外观风格和舒适柔软的穿着感受。

■ 辩一辩 ■

简述纺织服装产业链的基本工序。

学习评价

请根据表1-1-1所示评价内容对本任务进行自评。

表1-1-1 评价表

时间	评价内容	是/否
课前	准备充分	
课中	认真思考，积极发表意见	
	了解纺织服装产业链的基本工序流程	
课后	保质保量，按时完成作业	

课后拓展

1. 我国自行研发的宇航服具有哪些功能？能满足宇航员的哪些工作和生活需要？

2. 通过请教就职于纺织服装行业的亲戚长辈，大致了解本行业或相关行业的工作任务。

3. 了解并分享旧衣物的处理经验。

任务二

认识常见纺织纤维

学习目标

了解常见纺织纤维的种类和性能，理解纺织纤维的性能是决定织物性能的首要因素。

核心知识

纤维是构成织物的基本单元。纤维的直径只有几微米到几十微米，其长度则超过直径的千百倍。但不是所有的纤维都能满足纺织生产的需要，只有具备一定物理机械性能、化学性能和服用性能，并适宜纺织加工的纤维，才是真正的纺织纤维。纺织纤维的性能对织物的性能具有决定性作用，由多种纤维组合构成的织物更能呈现多样的风格特征。

能力训练

一、认识常见纺织纤维种类

■ 学一学 ■

纺织纤维品种很多，通常将常见纺织纤维按纤维来源和基本组成进行分类，也可按纤维长度进行分类。

（一）按纤维来源和基本组成分类

按纤维来源和基本组成，可将常见纺织纤维分为天然纤维和化学纤维两大类，具体可见图1-2-1。

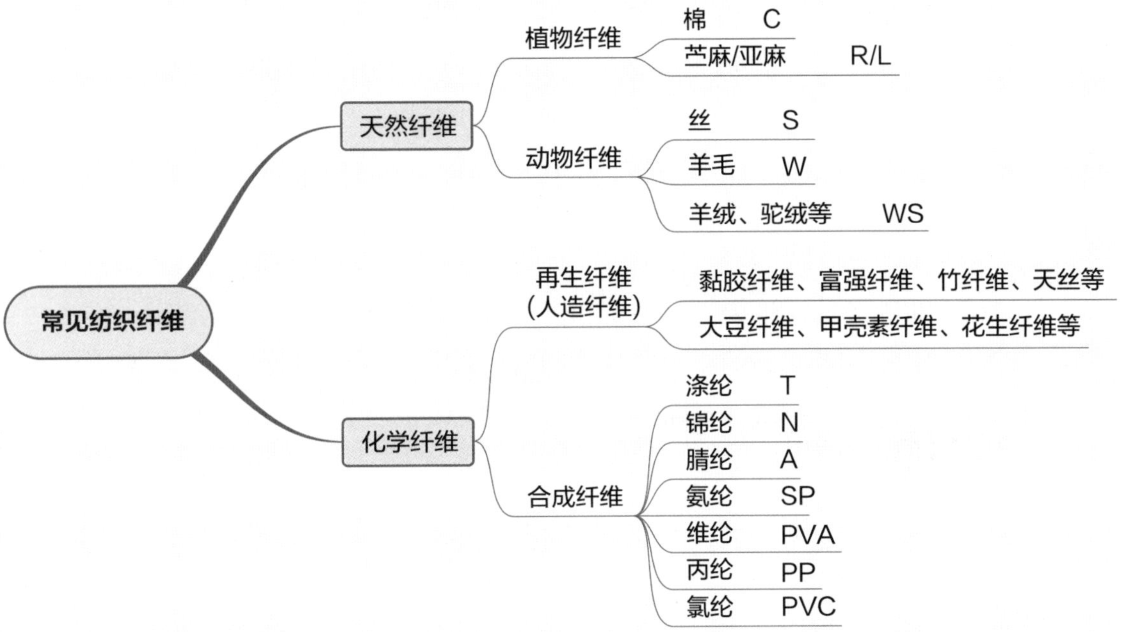

图1-2-1 常见纺织纤维

天然纤维指自然界中天然存在的纤维，常用的有棉、麻、丝、毛四大纤维。棉纤维和麻纤维分别来自植物的果实和茎，统称为植物纤维；丝纤维和毛纤维分别来自动物的腺体和毛发，统称为动物纤维。

化学纤维又可以分为再生纤维（人造纤维）和合成纤维。再生纤维的原料是竹、木、大豆等，合成纤维的原料是石油、煤炭等。

（二）按纤维长度分类

按纤维长度可将纺织纤维分为短纤维和长丝两大类。例如，天然纤维中的棉、麻、毛等均是短纤维，蚕丝的平均长度为800～1 000 m，因此蚕丝属于长丝。化学纤维的长度可由生产工艺人为控制，不经切断的是长丝，切断后成为短纤维。化学纤维切断后的短纤维根据其长度、粗细，可分为棉型纤维、毛型纤维和中长纤维。例如，棉型纤维常与棉混纺或纯纺，毛型纤维常与毛混纺或纯纺，中长纤维主要用于织造仿毛织物。同一种化学纤维，短纤维与长丝的名称不同，不能混淆，具体命名规则见表1-2-1。

表1-2-1　化学纤维的名称举例

再生纤维			合成纤维		
品种举例	短纤维	长丝	品种举例	短纤维	长丝
黏胶纤维	黏纤	黏胶丝、人造丝、人丝	涤纶纤维	涤纶	涤纶丝、涤丝
富强纤维	富纤	富丝	锦纶纤维	锦纶	锦纶丝
醋酯纤维	醋纤	醋丝	腈纶纤维	腈纶	腈纶丝

■ 辩一辩 ■

1. 纺织纤维按纤维来源和基本组成可分为哪两大类?
2. 四大天然纤维有哪些? 其代号分别是什么?
3. 纺织纤维按长度可分为哪两类?

二、认识常见天然纤维

■ 学一学 ■

（一）植物纤维

植物纤维是从植物的根、茎、叶、果实等处获得的纤维。

1. 棉纤维

棉纤维是重要的天然纤维，种植历史悠久，日常使用量极大。我国许多地区以细绒棉为主要经济作物，而新疆独特的地理和气候条件更适宜长绒棉生长。与细绒棉相比，长绒棉的纤维更细更长，品质更为优良。

棉纤维光泽柔和，外观细短，手感柔软。显微镜下能看到成熟棉纤维纵向呈扁平带状，有天然转曲，见图1-2-2。棉纤维抗皱性较差，棉织物后整理时常常进行免烫整理或树脂整理。棉纤维是亲水性纤维，具有良好的吸湿、透气性，穿着舒适柔软没有静电。棉纤维耐碱不耐酸，适用绝大部分洗涤剂。棉纤维易染色，但也容易褪色，使用含甲醛助剂对提高棉织物色牢度有帮助。

(a) 棉花

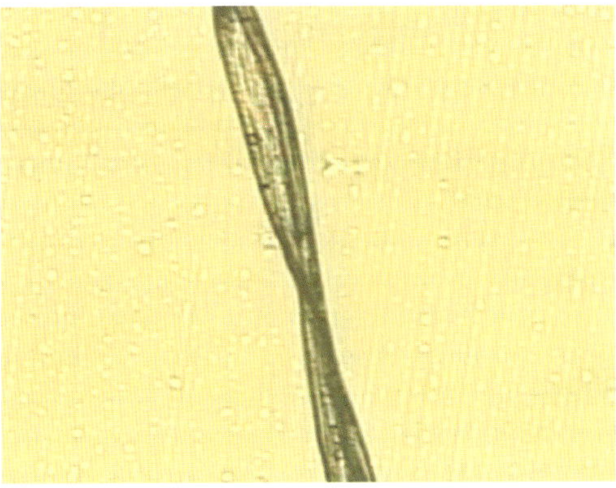

(b) 放大10倍的棉纤维

图1-2-2　棉纤维

2. 麻纤维

麻纤维是一种古老的天然纤维，可服用麻纤维有苎麻和亚麻两个主要品种，其他还有罗布麻、汉麻、大麻等，均具有天然的抑菌功能。据考古研究，中国是最早使用苎麻的国家，苎麻也有“中国草”的美誉，目前苎麻产量居世界首位。我国也是世界主要的亚麻生产国和出口国。用罗布麻能制作抑菌性保健用品，具有极大的发展空间。

麻纤维光泽度较好，手感粗硬，强度高，弹性差，在显微镜下观察能看到明显的结节，见图1-2-3。麻纤维的吸湿、透气性优于棉纤维，且导热性好，散湿速度快，适合夏季穿着。

(a) 苎麻

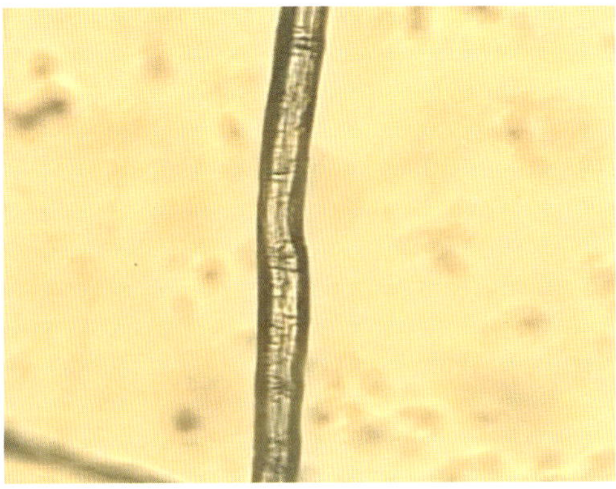

(b) 放大10倍的麻纤维

图1-2-3　麻纤维

（二）动物纤维

1. 毛纤维

狭义的毛纤维特指绵羊毛，简称羊毛；广义的毛纤维则还包括除绵羊毛之外的山羊绒、兔毛、驼绒、马海毛等。这些毛纤维都属于高档纤维。毛纤维是蛋白质纤维，容易被虫蛀和霉变。

羊毛纤维光泽柔和自然，外观蓬松卷曲，手摸有温暖感，在显微镜下能看到外层包覆的毛鳞片，见图1-2-4。羊毛纤维具有极佳的弹性、保暖性、吸水性、染色性等，耐酸不耐碱，洗涤时应选择中性洗涤剂，以避免破坏羊毛结构，导致褪色或发黄发脆。

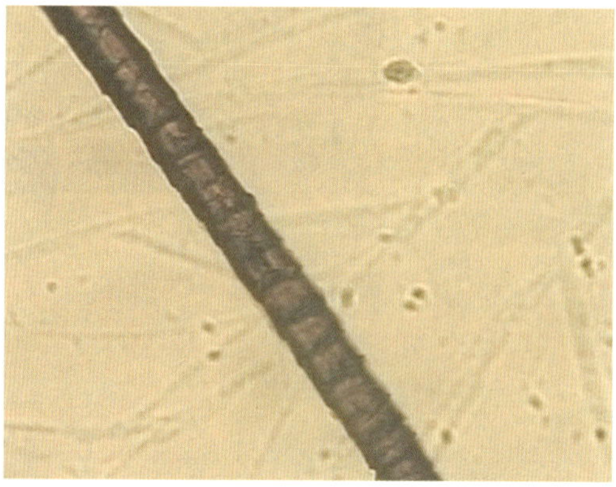

图1-2-4　放大20倍的羊毛纤维

2. 丝纤维

丝纤维也是高档纤维，是天然纤维中最能体现服用优雅、精致特性的品种，因其极佳的光泽度被誉为“纤维皇后”。狭义的丝纤维特指桑蚕丝，广义的丝纤维则还包括柞蚕丝、蓖麻蚕丝等野蚕丝。丝纤维同毛纤维一样，耐酸不耐碱，接触碱性物质易褪色、强度降低。丝纤维不易保管，也容易被虫蛀和霉变。中国是最早种桑养蚕并织造、出口丝绸面料的国家，丝绸大国的地位早已不可撼动。

桑蚕丝柔软有光泽，吸湿、透气性好，染色性好，织物颜色鲜艳，既有凉爽的触感，又有良好的保暖性，见图1-2-5。

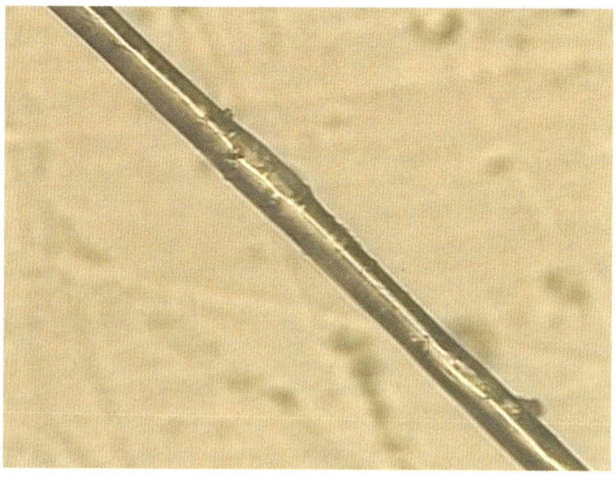

图1-2-5　放大20倍的桑蚕丝纤维

3. 山羊绒

山羊绒通常简称为羊绒，光泽度非常好，手感柔软滑糯，保暖性能比羊毛好，具有细腻、轻盈、保暖性强等优点。因产量稀少，以“克”论价，是名副其实的“软黄金”“纤维之王”。世界上约70%的羊绒产自中国，且质量也优于其他国家所产。

■ 辩一辩 ■

常见天然纤维包括哪些品种？列举每种天然纤维的基本特点。

三、认识常见化学纤维

■ 学一学 ■

（一）再生纤维（人造纤维）

1. 黏胶纤维

黏胶纤维是人造纤维中应用最广泛的纤维之一，优点是手感柔软、染色性好、颜色鲜艳，且吸湿、透气性优于棉纤维、价格较低，缺点是湿态强度低、弹性差、耐用性差。

2. 天丝纤维

天丝纤维即莱赛尔纤维（Lyocell）。生产天丝所用的原料是木材，可以回收利用，对环境无污染，是绿色环保纤维。天丝纤维的优点很多，如吸湿性与黏胶纤维相似，强度与合成纤维相似，还具有手感柔软、光泽好、强度高、悬垂性好、颜色鲜艳、抗静电等特点。天丝纤维既适用于机织，也适用于针织。

3. 竹纤维

竹纤维是以竹子为原料生产出来的再生纤维素纤维。竹纤维手感柔软滑爽、染色性好、有韧性，具有良好的吸、散湿性能，夏季穿着感觉特别清凉。竹纤维可降解，对环境不会造成污染，是理想的环保材料。竹纤维还具有抗菌、抑菌、防臭、抗紫外线等功能，也是一种保健型材料。

（二）合成纤维

1. 涤纶

涤纶是目前合成纤维中产量最大、用途最广的品种。涤纶具有良好的抗皱性和弹性，强度大、耐用性好、易洗快干免烫，可仿棉、麻、毛、丝等纤维的手感和外观；缺点是易产生静电，吸湿、透气性差，穿着舒适性差。但在纺织材料研究人员的努力下，涤纶被赋予了新的附加值，正逐步摆脱劣质、廉价的标签。

2. 锦纶

锦纶俗称“尼龙”，是世界上第一种合成纤维，强度和耐磨性是所有纤维中最好的，弹性仅次于氨纶。由于锦纶具有质轻、强度高、耐用性好等优点，适于制作羽绒服、袜子、箱包、降落伞等；缺点是易产生静电，穿着不透气。棉织物、毛织物中加入少量锦纶，可以有效提高产品的耐磨性和弹性。

3. 腈纶

由于腈纶蓬松、保暖，性能与羊毛相似，被称为“合成羊毛”，适用于制作毛线、毛毯、毛绒玩具和粗纺呢绒，或与羊毛纤维混纺。腈纶最突出的优点是耐日光性非常好，长时间曝晒不影响纤维强度，适用于制作窗帘。腈纶的缺点是易起球，会降低服装的外观品质。

4. 氨纶

氨纶又称弹力纤维或弹性纤维，具有远超其他纺织纤维的强弹性和快速回复性。只需要少量氨纶，就能大大改善织物的弹性和抗皱性。氨纶应用于服装后，引发了内衣和泳衣行业的革命。氨纶一般不单独使用，而是作为芯纱，外包棉、毛等短纤纱，以包芯纱形式（图1-2-6）出现。

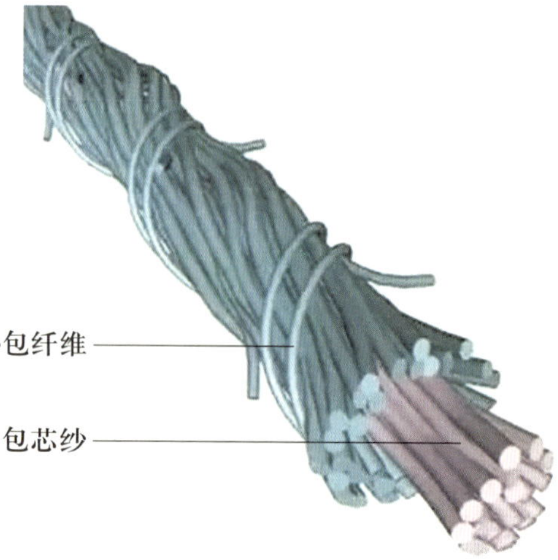

图1-2-6　长丝包芯纱

5. 维纶

维纶外观洁白，手感柔软，吸湿性比其他合成纤维好，有“合成棉花”之称。维纶保暖性好，耐化学药品性强，耐日光性好，可与棉纤维或黏纤混纺，制作运动服、工作服、迷彩服等。

6. 丙纶

丙纶比水还轻，强度极高，弹性和耐磨性好，耐光性差，且基本不吸水。丙纶服用较少，产业用主要有滤布、绳索、水龙带等，家用主要有蚊帐布、洗碗布、保暖絮料等。

7. 氯纶

塑料雨披、塑料雨鞋的原料就是氯纶。氯纶高聚物（PVC）涂层仿皮革织物在服装、鞋、包中被大量使用。另外，氯纶也可以制作防燃布、耐化学药剂工作服，以及具有保健作用如治疗风湿性关节炎的内衣、护膝等。氯纶的缺点是耐热性差。

■ 辩一辩 ■

1. 常见再生纤维包括哪些品种？列举每种再生纤维的基本特点。

2. 常见合成纤维包括哪些品种？列举每种合成纤维的基本特点。

四、鉴别常见纺织纤维

■ 学一学 ■

（一）感官法

感官法也称手感目测法，是不借助仪器，只通过看、摸、捏、听、闻等方式，用经验判断纤维种类的方法，需要操作者具有丰富的经验。具体操作方法和步骤如下。

1. 看

通过观察纤维长度、形态和强度等外观特征（表1-2-2），以及观察织物光泽、色泽、风格等外观特征（表1-2-3），可以对纤维种类做出大概的判断。

表1-2-2　常见纤维的纤维长度、形态和强度

纤维品种		纤维长度	纤维形态	纤维/纱线强度
棉		短，长短不一	细软	较强
麻		较长	粗且直，有光泽	较强，拉伸时基本不会拉长
丝		很长	细，有光泽	较强
毛		较长	卷曲	较弱，拉伸时有明显拉长
涤纶		长短较一致	—	较强
黏胶纤维	黏胶丝	很长	—	较弱，湿态更弱
	黏纤	长短较一致	—	

表1-2-3　常见纤维的织物光泽、色泽和风格等

纤维品种		光泽	色泽	风格	其他特征
棉		较差	鲜艳	朴素	柔软，弹性差，易褶皱
麻		较好	不鲜艳	朴素	外观粗硬，有大肚纱
丝		亮且不刺眼	鲜艳	华丽高雅	柔软轻薄，手摸有冷感
毛		较好	鲜艳	雅致	弹性好，不易起皱，手感温暖
涤纶		较好	鲜艳	—	弹性好，不易起皱，有冷感
黏胶纤维	黏胶丝	类似金属色	鲜艳	华丽	弹性差，易褶皱，有冷感
	黏纤	较差	鲜艳	朴素	弹性差，易褶皱

2. 摸

通过手在平行于织物平面方向上的抚摸，感知织物表面是否光洁平整、具有冷感或暖感等。

3. 捏

通过垂直于织物平面方向上的按压、握持、抓捏等动作，感知

织物的厚度、软硬度和弹性等。

4. 听

听是一种较为特殊的判断方法。例如，干燥的桑蚕丝（真丝）织物相互摩擦能发出特殊的声音——丝鸣声。

5. 闻

例如，上浆棉织物、丝绸中的绵绸织物等均具有独特气味。

感官法不需要借助仪器，简便易行，只要平时多触摸各种织物，多积累服装材料知识，必定会有收获。

（二）燃烧法

纤维种类不同，燃烧特征也各不相同，因此燃烧法是一种比较可靠且操作简便的鉴别方法。燃烧法最适于区分天然纤维与合成纤维，但很难鉴别混纺织物的纤维种类。表1-2-4是常见纤维的燃烧特征。

表1-2-4　常见纤维的燃烧特征

纤维名称	靠近火焰时表现	接触火焰时表现	离开火焰后表现	气味	灰烬
棉、麻、黏胶	不缩不熔	迅速燃烧	继续燃烧	烧纸味	灰白色，手触成粉末
羊毛、蚕丝	收缩	逐渐燃烧	缓慢燃烧，会熄灭	烧毛发味	松脆黑色灰
涤纶	收缩熔融	熔融燃烧，有黑烟	继续燃烧，会熄灭	特殊芳香味	似黑色玻璃硬珠，不易压碎
锦纶	收缩熔融	熔融燃烧	继续燃烧，会熄灭	芹菜味	坚硬，浅褐色，圆珠状
腈纶	收缩熔融	熔融燃烧	继续燃烧	辛辣味	黑褐色硬块，不规则，易碎

■ 练一练 ■

（一）用感官法鉴别常见纤维

1. 实验设备：无。

2. 实验材料：至少准备5块具有代表性的机织物，要求平整无褶皱、无明显纬斜，试验前把织物暴露在空气中24小时以上。

3. 操作过程：通过看、摸、捏、听、闻等方式，判断纤维种类，并做好实验记录。

（二）用燃烧法鉴别常见纤维

1. 实验设备：剪刀、酒精灯、打火机、镊子、防火桌面。

2. 实验材料：至少准备5块具有代表性的机织物。

3. 安全及注意事项：注意规范操作，注意用火、用剪刀安全。活动结束后，将实验设备放回指定位置。

其中，酒精灯安全使用注意事项如下：

（1）酒精灯的酒精量应是灯壶容量的1/4 ~ 3/4，切勿太满。

（2）添加酒精时，酒精灯必须处于熄灭状态。

（3）使用打火机点燃，不能相互引燃。

（4）必须使用镊子夹取织物，用外焰点燃。

（5）部分织物纤维的燃烧速度很快，会有熔融后的物质滴落，因此一次性不能烧很多纱线。产生火星时不能到处甩，物质不要滴到酒精灯或其他易燃物上，应滴在防火桌面上。

（6）使用灯帽盖灭火焰，盖灭后应取下灯帽再盖一次。禁止用嘴吹灭酒精灯。

（7）活动结束后由组长负责收回酒精灯等工具，并放到指定位置。

4. 操作过程见表1-2-5。

表1-2-5　燃烧法鉴别常用纤维操作过程

序号	步骤	操作及说明	质量标准
1	抽取5根经纱或纬纱，长度均为5 ~ 6 cm	分别拧成束，如纱线太细可增加根数	经纱与纬纱不能混合，纱线束有一定硬挺度
2	分别用镊子夹住一端，靠近火焰	纱线呈水平状态靠近，观察是否收缩	不要接触火焰
3	分别用镊子夹住，接触火焰	观察燃烧速度、火焰的颜色、烟的颜色	慢慢接触火焰
4	分别离开火焰	观察燃烧现象、闻烟的气味	大概烧一半时离开火焰，如现象不明显可重取一些纱线再次燃烧
5	5种灰烬分别放在干净白纸上，用手指碾压	观察灰烬颜色和状态	完全熄灭

5. 实验记录：综合运用感官法与燃烧法鉴别纤维品种，并填入表1-2-6。

表1–2–6　纤维品种鉴别实验记录表

样品序号	样品粘贴	感官法		燃烧法					判断结论
		纤维形态	织物外观	靠近火焰	接触火焰	离开火焰	气味	灰烬	
1									
2									
3									
4									
5									

学习评价

请根据表1–2–7所示评价内容对本任务进行自评。

表1–2–7　评价表

时间	评价内容	是/否
课前	准备充分	
课中	1. 认真思考，积极发表意见	
	2. 了解纺织纤维的两种分类方法	
	3. 了解常见纤维的基本性能特点	
	4. 基本掌握天然纤维与化学纤维的鉴别方法	
课后	保质保量，按时完成作业	

服材拓知

你所不知道的涤纶

很多同学喜欢看模仿秀类的综艺节目，但是很少有同学知道，在服装材料中也有一位模仿界霸主，那就是涤纶。

涤纶学名“聚酯纤维”，是一种非常“年轻”的化学纤维，除具有良好的保形性、弹性、耐用性、强度之外，还有超强的“模仿”能力。涤纶模仿棉、麻、毛、丝等天然纤维，均能达到以假乱真的程度。

以往的普通涤纶纤维是廉价的代名词，但随着功能性纤维的开发，涤纶的性能已有了大幅度的提升。

需要辩证地看待涤纶纤维生产与使用是否环保的问题。生产涤纶纤维的过程需要少量的水与能源，不需要大量土地资源，生产周期短，但生产过程中会产生对环境有害的化学废料；涤纶纤维的成分与普通塑料袋相同，都不能生物降解，却可以回收再利用。综合以上因素，若能改善涤纶纤维的生产方式，减少废弃物排放，做好废旧涤纶衣物的回收循环工作，涤纶纤维将比棉纤维更加环保。

课后拓展

1. 逛一逛服装市场或商场，通过观察服装商标中的成分标识，了解服装的纤维成分与价格的关系，并填入表1-2-8。

表1-2-8　服装的纤维成分与价格关系市场调研表

服装品类	天然纤维		化学纤维	
	纤维名称	价格/元	纤维名称	价格/元
例，连衣裙	蚕丝	798	涤纶	298

2. 调研服装市场上新型纤维的种类和使用情况。

3. 收集我国古诗词中含有“纺织”“棉”“麻”“丝”“纱”“桑”等字词的名句并诵读。

任务三

认识常见纱线

学习目标

了解纱线的捻度、细度等参数，理解纱线性能与织物性能的关系。

核心知识

纱线通常会被混为一谈。实际上，纱线是“纱”和“线”的合称。纱即单纱，由一股纤维束合捻而成；两股或两股以上单纱合并后经过加捻成为股线。纱线的种类繁多，最重要的参数为捻度和细度。不同的捻度和细度，形成了形形色色的纱线。

能力训练

一、认识常见纱线种类

■ 学一学 ■

（一）按纱线原料分

1. 纯纺纱线

纯纺纱线指只有一种纤维原料纺成的纱线，如纯棉纱、纯毛纱，用于织造纯纺织物。

2. 混纺纱线

混纺能够降低纱线成本或使纤维性能得到互补。混纺纱线指由两种或两种以上纤维原料混合后纺成的纱线，如毛腈混纺纱、涤棉混纺纱。混纺纱线的命名规则是：占比大的纤维名称靠前，如65%涤纶与35%棉纤维混纺，命名为涤棉混纺纱；混纺比例相同的情况下，按天然纤维、合成纤维、再生纤维的顺序排列，如50%黏胶和50%羊毛混纺，命名为毛黏混纺纱。

（二）按纱线用途分

1. 机织用纱线

机织用纱线指用于机织生产的纱线，性能因织造时的用途不同而不同。

2. 针织用纱线

针织用纱线指用于针织生产的纱线，质量要求比机织用纱高，捻度较小，强度适中，杂质少。

3. 其他用纱线

包括绣花线、缝纫线、编结线等。

■ 辩一辩 ■

1. 纱线按原料可分为哪几类?
2. 纱线按用途可分为哪几类? 它们分别有哪些用途?
3. 混纺纱线的命名规则是什么?

二、认识纱线的结构

■ 学一学 ■

加捻是短纤维加工成长纱线的必要手段，否则就不能保持纱线的形态、长度和牢度。

（一）纱线的捻度

捻度指纱线在单位长度内的回转圈数，常用单位有“捻/10 cm”“捻/in”“捻/m”。捻度不同，纱线的强度、弹性、光泽等性能也不同。

纱线捻度较小时，强度较低，表面毛羽多，光泽差，织成的织物易勾丝、易起毛起球、耐用性差；优点是纱线柔软，织物手感舒适，适于织造起绒织物和针织织物。

随着纱线捻度的增大，强度和抗皱性逐渐增大。挺爽型织物织造时，经纬纱捻度大于柔软型织物。例如，薄爽的绉类织物和耐磨抗皱的卡其织物采用捻度较大的纱线织成。捻度增大后，纱线手感会变硬，且当超过一定程度之后，会破坏纱线强度。

（二）纱线的捻向

加捻是有方向的，称为捻向，分为Z捻和S捻两种，见图1-3-1。将纱线按逆时针方向加捻，形成Z捻，也称为左捻或左手捻；反之，将纱线按顺时针方向加捻，形成S捻，也称为右捻或右手捻。捻向与织物的强度、弹性、柔软度无关，但会影响其外观。

由单纱捻合成股线后，代表股线捻向的字母添加在单纱捻向的后面，如“SZ”表示单纱的加捻方向为S捻，捻合成股线时使用的加捻方向为Z捻，见图1-3-2。多数股线与组成的单纱捻向相反，这样的股线结构紧密、强度较大。

(a) Z捻（左捻/左手捻）　　(b) S捻（右捻/右手捻）

图1-3-1　纱线捻向示意图

（三）纱线捻向的应用

不同的捻向配置可得到多种机织物风格。平纹组织的经纬纱捻向不同时，织物表面的捻向倾斜方向几乎一致，由于反光一致，表面光泽较好，见图1-3-3；当接触面的捻向倾斜方向完全相反时，纱线之间基本没有相互嵌入，织物松厚柔软。为了使斜纹组织的纹路更清晰、立体感更强，经纬纱通常采用不同的捻向。

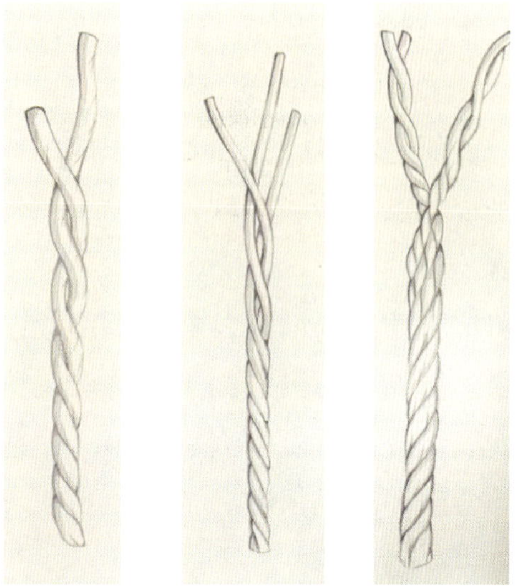

(a) 两股S捻　(b) 3股S捻　(c) SZ复捻

图1-3-2　股线形式

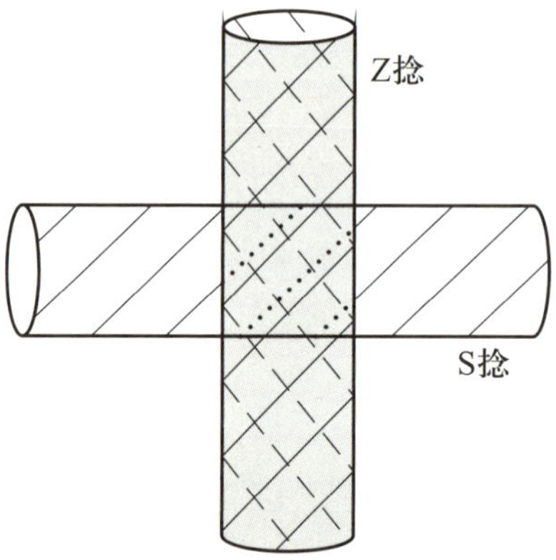

— — — 经纱背面的倾斜方向；
····· — 纬纱被经纱盖住部分的倾斜方向。

图1-3-3　经纬纱不同捻向配置示意图

将不同捻向的纱线相间排列，织物可产生隐条隐格效应，如牙签条花呢，见图1-3-4。将捻度大小不等的纱线织成织物，表面还可产生波纹效应，如绉类织物，见图1-3-5。

图1-3-4　牙签条花呢的隐条效应

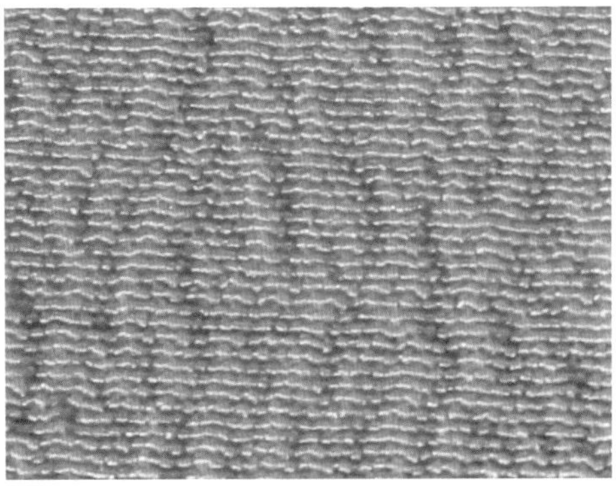

图1-3-5　绉类织物的波纹效应

■ 辩一辩 ■

1. 纱线捻度的表示单位有哪些？

2. 纱线捻向有哪两种？纱线捻向的表示方法是什么？

3. 简述纱线的捻度、捻向与织物性能的关系。

三、认识纱线的细度

■ 学一学 ■

（一）细度的表示方法

普通物体的粗细可用直径或横截面积表示，但由于纱线表面有毛羽，横截面形状不规则且易变形，无法进行实际测量，一般采用间接指标来表示纱线的粗细程度。这个指标就是细度，细度有定长制和定重制两种指标，见表1-3-1。

表1-3-1　细度指标、单位、英文代号、表示方法与习惯用途表

指标	单位	英文代号	单纱表示方法	两股线表示方法	习惯用途
定长制	特克斯	Nt	20 tex	20 tex × 2	法定单位，均可适用；常用于国内销售的纯棉纱线及棉型混纺纱线
	旦尼尔	Nd	20 D	20 D × 2	蚕丝及化纤长丝
定重制	公制支数	Nm	20 N	20 N/2	毛型纱线
	英制支数	Ne	20^S	$20^S/2$	出口的棉型纱线

注："高支纱"一般指的是细度为10 tex及以下或60^S及以上的纱线。

（二）细度对织物性能和风格的影响

纱线细度是衡量织物档次的标准之一。细度不仅影响织物的厚薄、重量，对外观风格和性能也产生一定的影响。纤维或纱线越

细，均匀度越好，织造的织物越轻薄，手感越细腻柔软。例如，超细纤维织成的织物极为柔软，具有真丝般高雅光泽，并有良好的吸湿、散湿性，以及较好的悬垂性和丰满度，可用于制作酷似真皮的仿麂皮绒、除污效果极好又不会损伤擦拭物的镜面清洁布等。反之，粗纤维或纱线能够织造出厚实、粗犷、硬挺风格的织物，如粗花呢、欧根纱等。

■ 辩一辩 ■

1. 纱线细度的表示方法和习惯用途有哪些?

2. 超细纤维和粗纤维分别适合织造哪类面料?

■ 练一练 ■

分辨纱线的种类与捻向

1. 取两根宽约 2 cm 且颜色不同的布条（活动现象更明显、更易观察），平行排列后捻转。几人为一组，一部分人操作，另一部分人填写表 1-3-2，轮换进行。

表 1-3-2　纱线的加、退捻方向与捻向关系表

加捻方向	形成捻向	捻向示意图	退捻方向	原捻向	捻向示意图
顺时针			顺时针		
逆时针			逆时针		

2. 取两根粗毛线，也可用粗细相当的细绳代替，观察捻向并以不同的捻向制作复捻纱线。进一步观察复捻纱线的特点后，填写表 1-3-3。

表 1-3-3　复捻纱线的捻向与松紧度关系表

粗毛线捻向	同捻复捻纱松紧度	异捻复捻纱松紧度

3. 在织物样品上拆取几根纱线，识别拆下来的纱或线的捻向，填写表 1-3-4。

表1-3-4　织物捻向记录表

样品序号	样品粘贴	单纱捻向	单纱捻向示意图	股线捻向	股线捻向示意图
1					
2					
3					

学习评价

请根据表1-3-5所示评价内容对本任务进行自评。

表1-3-5　评价表

时间	评价内容	是/否
课前	准备充分	
课中	1. 认真思考，积极发表意见	
	2. 掌握纱线的分类方法	
	3. 掌握纱线的捻度和捻向	
	4. 掌握纱线的4种细度单位	
课后	保质保量，按时完成作业	

服材拓知

最熟悉的陌生词

对于“纺织”“染整”“缝补”“成绩”等词，同学们或多或少有所了解。但是作为服装设计与工艺专业的学生，仅有了解还远远不够。

纺织是“纺”和“织”的合称。纺即纺纱，是将纤维制成纱线的过程。织即织造，是将纱线制成织物的过程。

染整是“染”和“整”的合称。染指染色印花，是给予织物颜色花纹的过程。整指后整理，是给予织物某些性能，如免烫性、防水性、拒污性的过程。

缝补是“缝”和“补”的合称。缝指缝纫、缝合，是制作新的衣物。补指修补，是修补破损的衣物。

还有“成绩”，原来也与纺织有关。“绩”指劈绩，将植物茎皮劈分成尽可能细的条状，然后再捻合成线。茎皮被分得越细，所成织物就越细腻精致。“绩”在古代是具备高度技巧的手工艺，所以后来把工作、学习的成就叫“成绩”。

课后拓展

根据图1-3-3所示制作经纬纱“相同捻向”和“不同捻向”的简易模型，并说明捻向排列与织物风格之间的关系。

任务四

认识常见织物

学习目标

了解织物组织的种类和相应的性能特点。

核心知识

织物是一种由纺织纤维或纱线经过织造工艺或其他加工方法制成的片状物体，是纺与织的最终产品，也是服装设计的载体。设计师选择织物，织物展示设计师的设计灵感与设计理念。因此熟悉织物风格、掌握织物性能是设计师的基本能力之一。

能力训练

一、认识常见织物种类

■ 学一学 ■

（一）按制成方法分

织物是由纺织纤维或纱线制成的，按其制成方法可分为机织物、针织物和非织造织物。

（1）机织物：也称为梭织物，是由经纬两个系统的纤维或纱线相互垂直交织而成的织物。

（2）针织物：由平行排列的纱线相互串套而成的织物，线圈是构成针织物的基本单元。

（3）非织造织物：以纺织纤维为原料，直接通过化学方法或机械方法加工而成的织物，也称为非织造布或无纺布。

（二）按原料分

（1）纯纺织物：由纯纺纱织成的织物，构成织物的纤维性能可充分体现。

（2）混纺织物：由混纺纱织成的织物。

（3）交织物：由经纬纱原料不同，或原料相同但经纬纱中一组为长丝纱、一组为短纤纱织成的织物。

■ 辩一辩 ■

1. 织物按其制成方法可分为哪几类?

2. 织物按其原料不同可分为哪几类?

二、认识常见织物组织

■ 学一学 ■

（一）机织物组织

机织物组织包括原组织、变化组织、联合组织、复杂组织、提花组织五大类，其中，最基本的是原组织。原组织包括平纹组织、斜纹组织和缎纹组织三大类，通常可称为三原组织。

1. 平纹组织

平纹组织是所有机织物组织中最简单、交错次数最多的组织，由两根经纱和两根纬纱构成一个组织循环，见图1-4-1。平纹组织是原组织中最薄的组织，表面平坦、身骨挺括、外观紧密、质地坚牢、弹性较小。

平纹组织的代表品种有棉织物中的平布、府绸、泡泡纱等，麻织物中的亚麻布、苎麻布等，丝织物中的电力纺、塔夫绸等，毛织物中的凡立丁、法兰绒等。

图1-4-1 平纹组织

2. 斜纹组织

斜纹组织至少由3根经纱和3根纬纱构成一个组织循环，见图1-4-2。斜纹织物最明显的特征是表面有由浮纱构成的斜向纹路，若斜纹呈现“╲”，称为“捺”斜纹或左斜纹，用箭头表示为“↖”；若斜纹呈现“╱”，称为“撇”斜纹或右斜纹，用箭头表示为“↗”。在同样的纱线细度和密度条件下，斜纹组织比平纹组织松厚柔软、光泽度好，但强度差。

斜纹组织的代表品种有棉织物中的卡其、斜纹布等，丝织物中的斜纹绸、美丽绸等，毛织物中的哔叽、华达呢、麦尔登等。

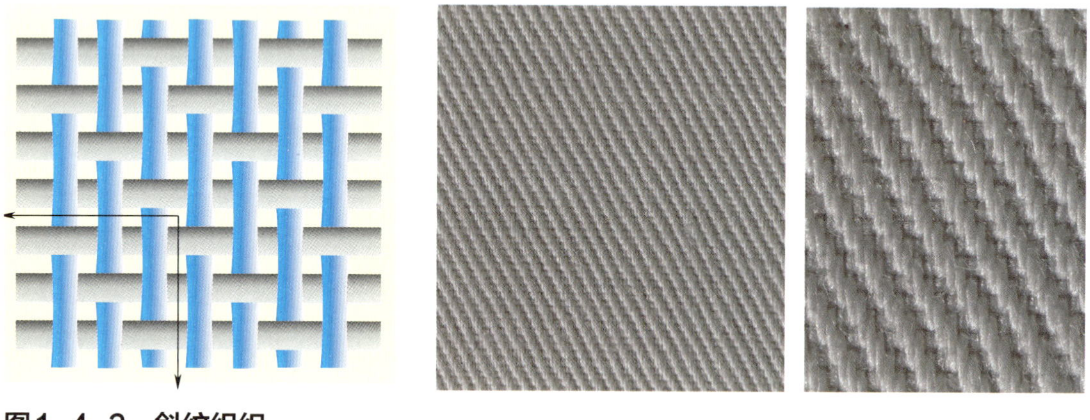

图1-4-2 斜纹组织

3. 缎纹组织

缎纹组织是原组织中最复杂的，一般由5根经纱和5根纬纱，或8根经纱和8根纬纱构成一个组织循环，见图1-4-3。与平纹组织、斜纹组织相比，缎纹组织表面浮纱最长，正面最光滑平整、光泽度好，质地柔软、富有弹性，但强度不如平纹组织和斜纹组织。

缎纹组织的代表品种有棉织物中的直贡缎、横贡缎等，丝织物中的锦类、缎类等，毛织物中的直贡呢、驼丝锦等。

图1-4-3　缎纹组织

（二）针织物组织

按照构成针织物的纱线排列方向不同，可分为纬编针织物和经编针织物两种。纬编针织物组织包括纬平组织、罗纹组织、双反面组织等，经编针织物组织包括经平组织、经缎组织等。

1. 纬平组织

纬平组织也称为纬平针组织，是纬编针织物的基本组织之一，由连续的单元线圈单向相互串套而成，织物正面呈连续麦穗状，正反面外观不同，见图1-4-4。纬平组织的纵向和横向均具有较好的延伸性，见图1-4-5。纬平组织的缺点是线圈易歪斜、易脱散和易卷边，见图1-4-6，纬平组织织物常用于制作内衣、T恤衫、袜子、手套等服饰用品等。

(a) 组织正面示意图　(b) 实物正面图　(c) 实物反面图

图1-4-4　纬平组织

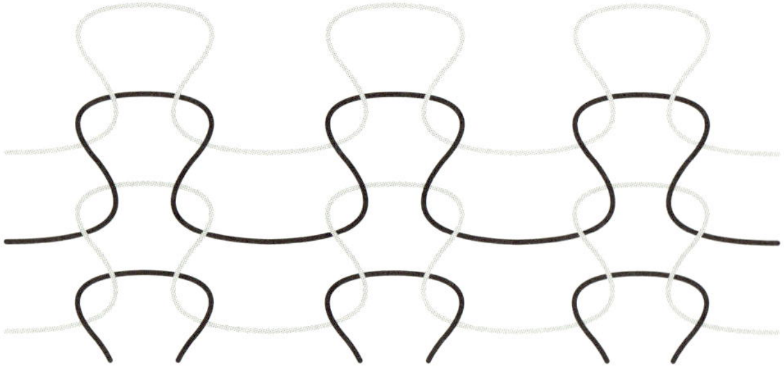

(a) 受横向拉力

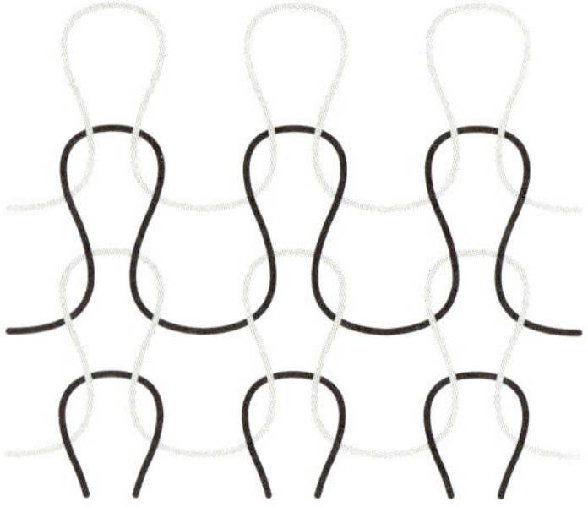

(b) 受纵向拉力

图1-4-5　纬平组织受拉力后的变形情况

(a) 线圈易歪斜

(b) 线圈易脱散

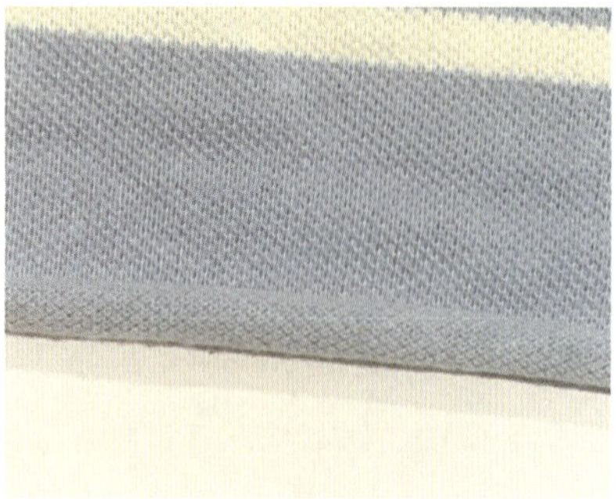

(c) 横向易向正面卷边

(d) 纵向易向反面卷边

图1-4-6　纬平组织缺点

2. 罗纹组织

罗纹组织由正面线圈纵行和反面线圈纵行以一定形式组合配置而成，常用组合形式有“1+1”（图1-4-7）、“2+1”“2+2”（图1-4-8）等，其中，“1+1”“2+2”“3+3”罗纹组织正反面外观相同。罗纹组织具有优异的横向延伸能力和回弹能力。罗纹组织织物常用于弹力服装或需要较好弹性的服装部件，如袖口、领口、裤口、袜口等。

3. 经平组织

经平组织由纱线轮流在相邻两枚织针上轮流垫纱成圈织造而成，两面都呈现菱形网眼，纵、横向均有一定的延伸性。经平组织织物主要用于制作T恤衫、汗衫等。

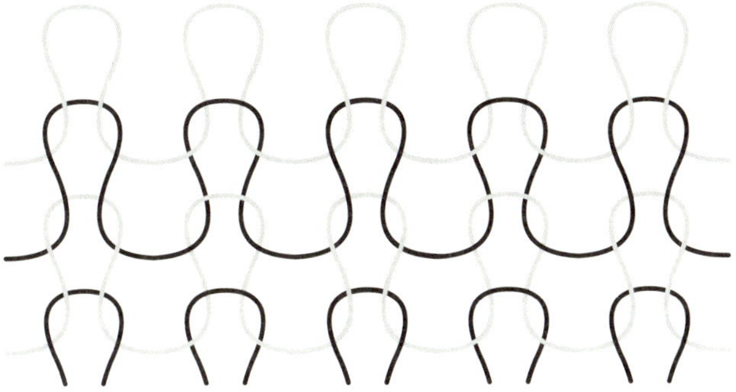

图1-4-7 “1+1”罗纹组织示意图

图1-4-8 “2+2”罗纹组织实物图

（三）非织造织物组织

非织造织物组织一般指不经传统的纺纱、机织或针织等工艺过程，而是由纤维层构成的纺织品。

非织造织物又称非织布即俗称的“无纺布”，见图1-4-9。由于无纺布突破了传统的纺织原理，不经传统的纺纱、织造或针织加工工艺，具有原料来源多、工艺流程短、生产速度快、产量高等优点。另外，无纺布还具有防潮透气、质轻柔韧、易洗快干、不霉不蛀、容易分解、无毒无刺激性、色彩丰富、价格低廉、可循环利用、用途广等优点。与机织物和针织物相比，无纺布的缺点有强度、弹性、耐用性较差，且不具有机、针织物的质感，因此无法完全取代传统纺织品。

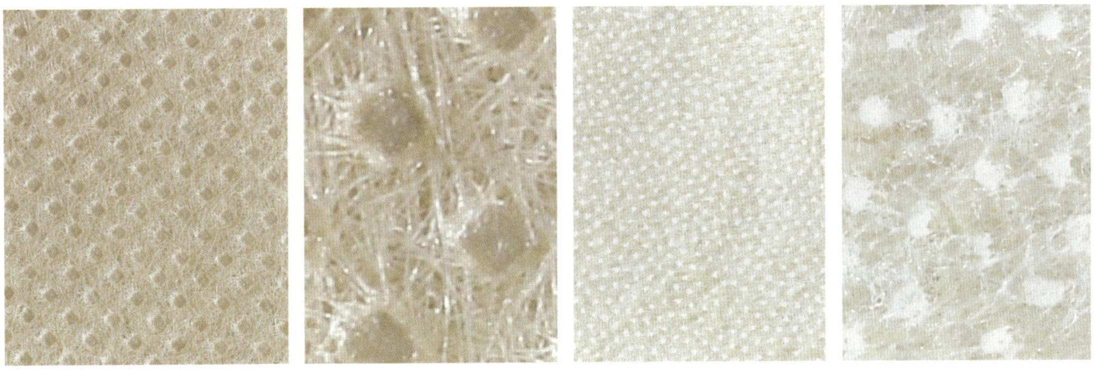

图1-4-9 无纺布及其放大图

■ 辩一辩 ■

1. 机织物组织有哪五大类?

2. 平纹组织、斜纹组织、缎纹组织的组织特点和代表品种有哪些?

3. 非织造物组织的优缺点分别有哪些？

■ 练一练 ■

1. 分辨机织物组织和针织物组织。

仔细观察以下特征，区分机织物组织和针织物组织。

（1）织物由两组或两组以上纱线组成，且其中两组纱线相互垂直，为机织物；织物表面能看到线圈的弯曲结构，为针织物。

（2）四周边缘纱线能顺利拆下，且纱线较平直，为机织物；只有对面两边纱线能拆下，且纱线呈明显波浪形，为针织物。

（3）织物横向或纵向能明显拉伸，且拉开后线圈结构更清晰，为针织物；除了一些添加氨纶的织物，大部分机织物的尺寸稳定性较好，横向或纵向不能拉伸或只能略拉伸。

2. 分辨机织物组织中的平纹组织、斜纹组织和缎纹组织。

仔细观察以下特征，区分平纹组织、斜纹组织和缎纹组织。

（1）表面平坦、正反外观完全相同、经纬纱线明显呈现一上一下交织状态为平纹组织。

（2）只有一面或两面均有45° ～ 60° 斜向纹路为斜纹组织。

（3）两面光泽差别较大，一面特别光滑明亮，一面较暗淡，为缎纹组织。

3. 实验记录：收集一些织物样品，按组织特点贴在表1-4-1中。

表1-4-1　样品按织物组织分类表

样品序号	机织物			针织物
	平纹组织	斜纹组织	缎纹组织	
1				
2				

学习评价

请根据表1-4-2所示评价内容对本任务进行自评。

表1-4-2　评价表

时间	评价内容	是/否
课前	准备充分	
课中	1. 认真思考，积极发表意见	
	2. 掌握常见织物的种类	
	3. 掌握常见织物组织的分类方法	
	4. 掌握常见织物组织的特点	
课后	保质保量，按时完成作业	

服材拓知

形形色色的无纺布

如图1-4-10所示，这些物品都由无纺布制成。

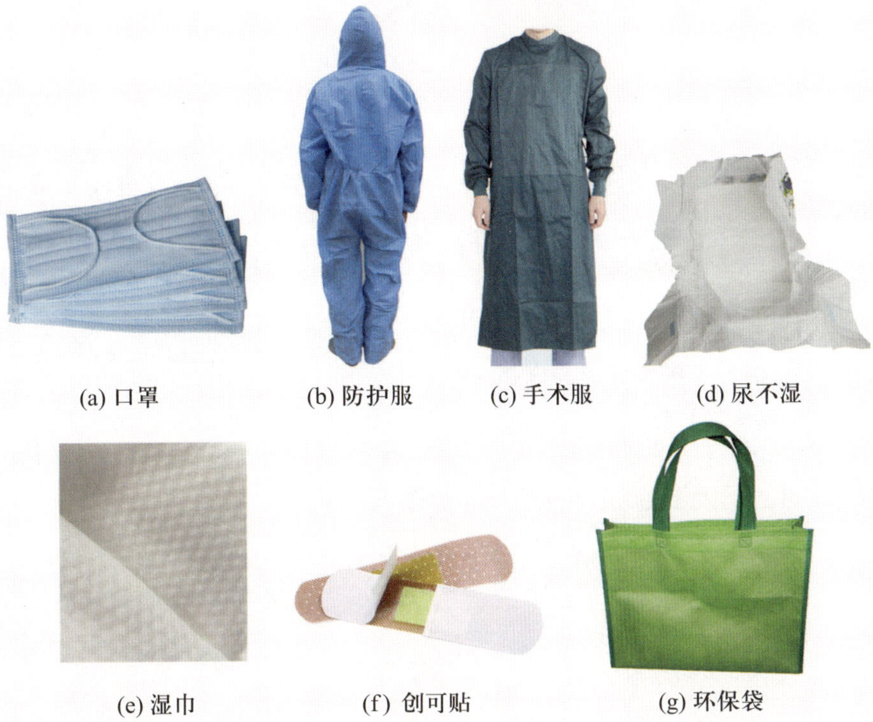

(a) 口罩　(b) 防护服　(c) 手术服　(d) 尿不湿　(e) 湿巾　(f) 创可贴　(g) 环保袋

图1-4-10

无纺布在服用领域一般只用作一次性材料，但在家用和产业用领域使用范围很广，普遍用于清洁用品、医疗卫生、家庭装饰、汽车工业、包装材料、农业大棚、土木工程等。

课后拓展

自制或购买编织工具，用不同颜色的毛线编织一块织物，织物规格应大于15 cm × 15 cm。可采用平纹组织、斜纹组织或缎纹组织等简单组织形式，织成示意图见图1-4-11；也可通过组织变化手法，织成多种不同的组织，织成示意图见图1-4-12。

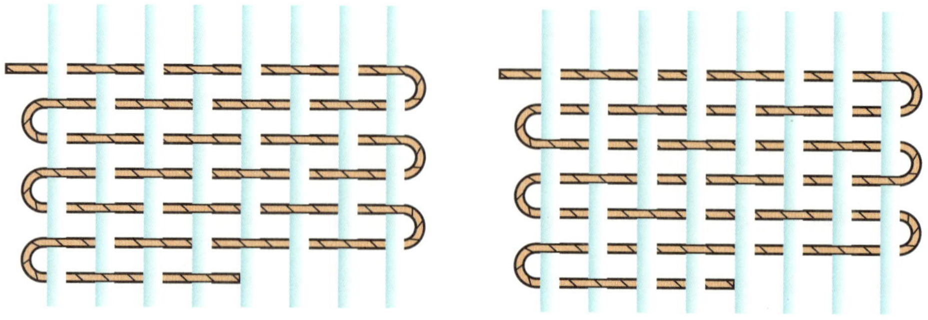

(a) 平纹组织　　(b) 斜纹组织

图1-4-11　用简单组织形式织成示意图

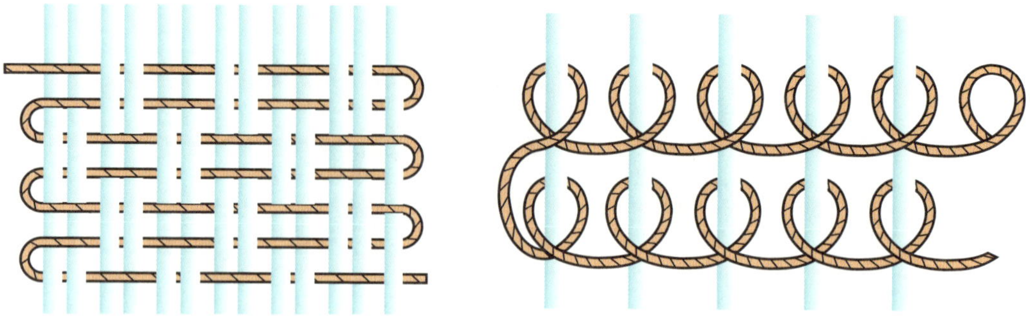

(a) 双经双纬组织变化手法　　(b) 卷绕组织变化手法

图1-4-12　用组织变化手法织成示意图

项目二 | 认识织物外观和性能

项目导言

服装材料的品质决定了服装的品质，找到合适的服装材料，把握其特性，并制成服装，是服装企业的最终目标。合理选配服装面、辅材料，并有效把控材料的品质，则是提高服装产品竞争力的关键。因此作为服装设计与工艺专业的学生，不管同学们将来的目标是服装设计师还是服装制版师，或者服装行业的其他工作岗位，都必须认识服装材料的外观，掌握服装材料的性能。

本项目将帮助学生识别织物外观，学会测量织物规格，认识织物性能。

思维导图

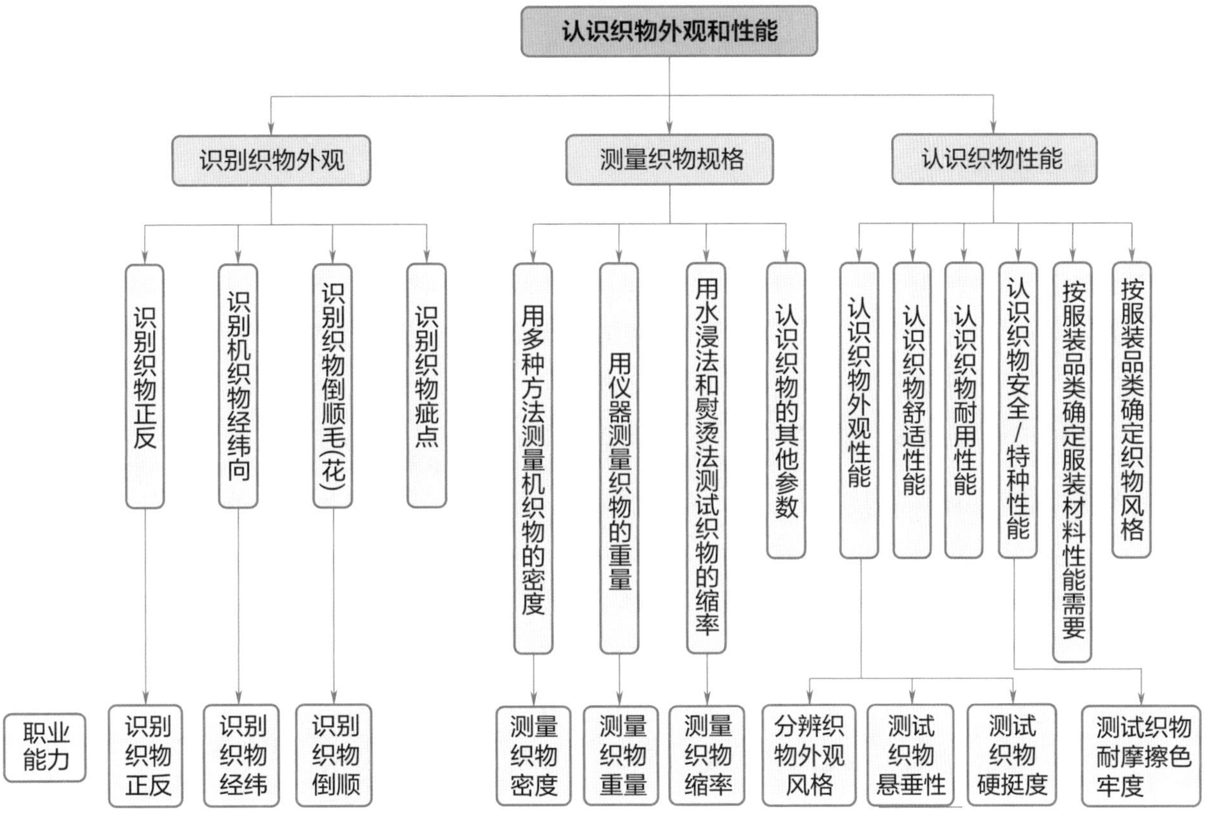

任务一

识别织物外观

学习目标

掌握织物外观识别的相关知识和职业技能。

核心知识

每种织物都有正反面和经纬向，具体表现为织物正面和反面外观不同，经向和纬向性能不同。部分织物还会出现倒顺、疵点等。制版师、裁剪师和工艺师在工作前必须充分了解织物的这些外观特征。如果辨识不清、运用不当，将会影响成衣外观效果，甚至直接报废。因此正确识别织物外观，对服装成衣生产有至关重要的意义。

能力训练

一、识别织物正反面

■ 学一学 ■

大部分织物都有正反面，一般正面的外观品质较好，因此制作服装时通常把织物的正面作为服装的正面。也就是说，缝制服装时，要将织物的正面朝外，反面朝里。因此利用织物正反面的差异进行正反面的识别就成为一种必不可少的能力。

织物正反面识别的方法有很多种，主要使用感官法，通过织物的组织结构特征、花色图案以及织物的商标贴头和印章等方面来识别。

（一）根据光泽、印花等识别

一般来说，织物正面比反面更平整美观、光洁明亮。染料大多是从织物的正面渗透至反面，因此印花织物的正面花纹图案清晰、色彩鲜艳、轮廓精致，而反面花纹比较暗淡、模糊，见图2-1-1。

(a) 印花织物正面　　(b) 印花织物反面

图2-1-1　印花织物

（二）根据组织结构、织纹识别

1. 原组织

原组织是最常见的机织物组织。其中，最易识别的是缎纹，正面光泽明亮、织纹紧密，手感光滑细腻；而反面光泽较暗，织纹较粗，也不光滑。较易识别的是单面斜纹，正面的纹路清晰，斜线突出；反面斜线的清晰度较差，见图2-1-2。双面斜纹的反面斜纹也比较清晰，以“/（撇）”为正面，以“\（捺）”为反面，见图2-1-3。另外，斜纹组织还可以根据“线撇纱捺”的原则来进行判断，即线斜纹组织是“撇”斜纹，纱斜纹组织是“捺”斜纹。最不易识别的是平纹组织，因为从织纹上看，平纹的正反面外观完全相同，因此如果是素色或原色平纹织物，可以不区分正反面，或从布边、表面清洁、花纹明显、平整光滑等方面加以区分。

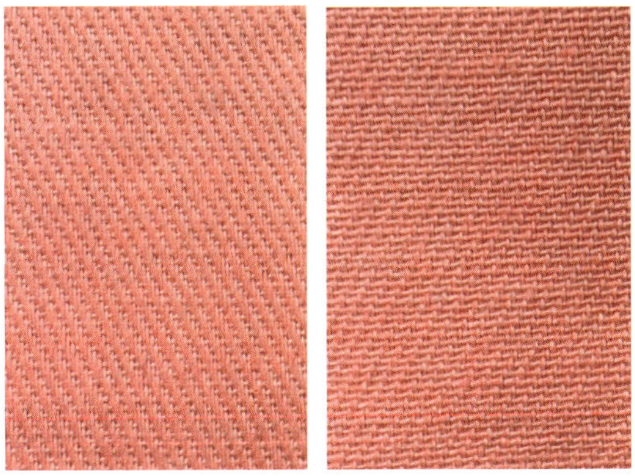

(a) 单面斜纹正面　　(b) 单面斜纹反面

图2-1-2　单面斜纹

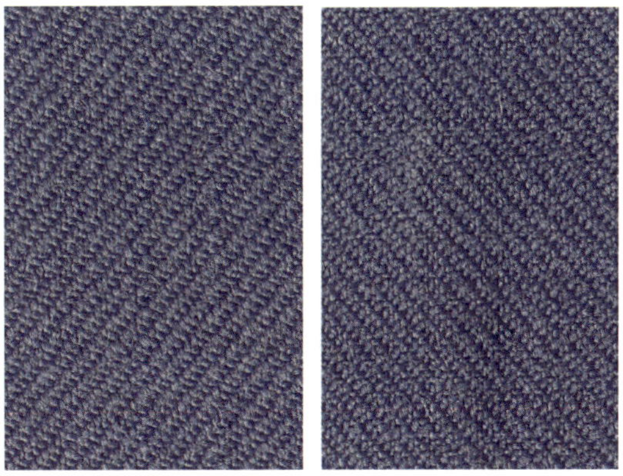

(a) 双面斜纹正面　　(b) 双面斜纹反面

图2-1-3　双面斜纹

2. 其他机织物组织

单面起绒织物，有绒毛的为正面；双面起绒织物，绒毛紧密整齐的为正面。凹凸花纹织物，正面凹凸花纹明显，反面有较长的浮线。提花组织的正面花纹立体突出，层次鲜明，见图2-1-4。

(a) 提花织物正面　　(b) 提花织物反面

图2-1-4　提花织物

（三）根据布边识别

一般正面布边较为平整，有时正面布边会向外卷。有些布边上有拉幅时留下的针眼，大部分织物正面的针眼呈内凹状态，见图2-1-5。

(a) 正面针眼内凹　　(b) 反面针眼外凸

图2-1-5　布边

一些高档的丝织物的布边有印花文字，毛织物的布边有织造的汉字、字母和数字。正面的文字呈正写状，清晰、明显、光洁，反面的文字则比较模糊且呈反写状，见图2-1-6。

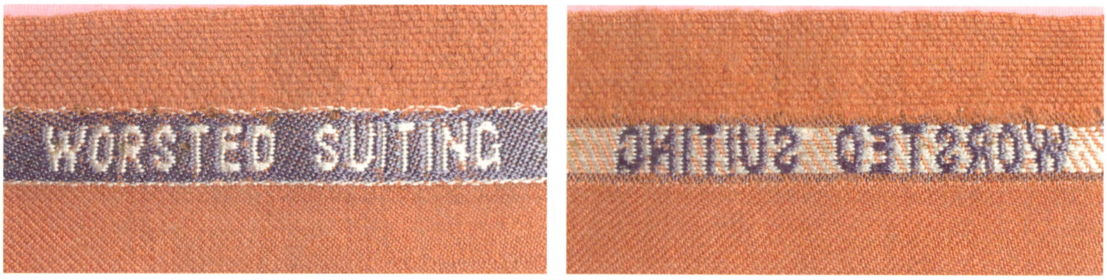

(a) 正面边字母　　(b) 反面边字母

图2-1-6　高档织物的布边

（四）根据包装识别

高档双幅织物对折在里面的为正面，单幅卷装织物在外面的为正面。内销产品商标贴在匹头的反面，匹尾反面盖有出厂日期和检验印章；外销产品则正好相反。

■ 辩一辩 ■

机织物正反面可从哪几方面进行识别？

■ 练一练 ■

1. 实验准备：准备表2-1-1中四块不同组织机织面料，每块布料规格为25 cm × 25 cm，布料要求平整无褶皱、无明显纬斜[①]。

2. 实验方法：

（1）外观特征法：织物正面的织纹、花纹、图案、色泽、绒毛等比反面清晰美观、立体感强。

（2）针眼凹凸法：正面的针眼凹进去，反面的针眼凸出来。

（3）组织结构法：斜纹组织通过斜向纹路识别，缎纹组织通过光泽度识别。

（4）布边文字法：布边文字正写的为正面。

3. 实验操作：收集一些织物样品，结合多种方法识别织物正反面，并填入表2-1-1。

表2-1-1　机织物正反面识别记录表

样品序号	样品名称	正面粘贴	反面粘贴	判断依据
1	印花或提花织物			
2	起绒织物			
3	平纹织物			
4	斜纹织物			

① 纬斜指机织物中经纱与纬纱不垂直的现象。

二、识别机织物经纬向

■ 学一学 ■

（一）机织物经纬向特性

经向也称为直丝绺方向，具有不易拉伸变形、挺拔的特点，衣长、裤长、袖长需采用经向裁剪。纬向也称为横丝绺方向，具有略有收缩、易窝服的特点，胸围、臀围需采用纬向裁剪。45°斜向也称为斜丝绺方向，具有伸缩性大、富有弹性的特点，波浪裙、荡领、滚条等需采用斜向裁剪。因此正确识别织物正反面后，还必须确定织物的经纬向，这也是服装裁剪前的必要步骤。

（二）区别机织物经纬向的主要依据

（1）与布边平行的是经向，与布边垂直的是纬向。

（2）不易拉伸变形的是经向，略能伸长的方向为纬向。

（3）通常情况下，纱线密度大的是经向，纱线密度小的为纬向。

（4）一般来说，纱线捻度大的是经向，纱线捻度小的是纬向。

（5）色织织物中，色纱为经纱，白纱为纬纱。交织织物中，原料较好、强度较高者为经纱。印花织物中，可从印花的花型、动物形象等的方向来区分经纬向，一般其长轴方向为经向。

■ 辩一辩 ■

识别织物经纬向的主要依据有哪几种?

■ 练一练 ■

1. 实验准备：准备3块不同组织的布料，每块布料的规格为25 cm × 25 cm，其中一块带有布边，布料要求平整无褶皱、无明显纬斜。

2. 实验方法：

（1）拉扯法：左右手的食指与拇指相距1 cm，用双手沿纱线对准并轻轻拉伸织物，无伸长松动的是经向，略有弹性的是纬向。

（2）找布边法：与布边平行的是经向，与布边垂直的是纬向。

（3）经细纬粗法：从纱线看，经纱一般较细，比较容易拆，纱线弯曲程度大，纬纱一般较粗。

3. 实验操作：收集一些织物，分别采用拉扯法、找布边法、经细纬粗法等识别经纬向，将织物按经纬方向贴入表2-1-2。

表2-1-2 织物经纬向判断记录表

样品序号	拉扯法	找布边法	经细纬粗法
1	←———→	←———→	←———→
2	←———→	←———→	←———→
3	←———→	←———→	←———→

三、识别织物倒顺毛（花）

■ 学一学 ■

有些织物是有方向性的，如印花图案、定位花、不对称条格子、绒毛类织物、闪光类织物等。裁剪前要考虑其方向性，否则成衣会出现色差、条格错位、反光不一致、左右不一致或前后不一致等现象，影响服装的外观效果。

（一）有倒顺图案的织物

部分图案，如人像、建筑、车船、动植物等，在排料时应让图案在服装上呈顺向排列，与人的视觉习惯一致，尤其不可一侧顺一侧倒，或前片顺后片倒，见图2-1-7。

(a) 无方向花卉图案及效果　　(b) 有方向花卉图案及不同效果

图2-1-7 有图案倒顺的织物

（二）定位花或不对称条格的织物

定位花指织物上的花纹、图案非连续，只在局部位置出现，如下摆、袖口等，排料时要精心设计，充分发挥图案的装饰效果，见图2-1-8。不对称条纹和不对称格纹面料排料时，要保证服装横格对齐，左右条纹顺向排列，见图2-1-9。

图2-1-8　定位花服装

(a) 对称条纹

(b) 不对称条纹

(c) 对称格纹

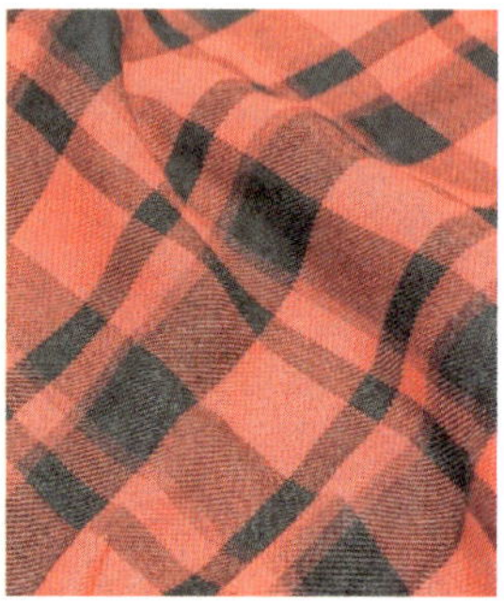

(d) 不对称格纹

(e) 不对称格纹运用

(f) 对称格纹运用

(g) 条纹运用混乱

图2-1-9　条纹和格纹运用

（三）有倒顺毛的织物

抚摸绒毛类织物，手感顺滑、色光较浅的为顺毛方向；手感较粗糙、色光较深的为倒毛方向。灯芯绒、金丝绒等织物裁剪时，以倒毛为好，色光深润；顺毛大衣呢、长毛绒等织物裁剪时，以顺毛为好，外观顺滑好看，灰尘会顺着毛掉下去，见图

2-1-10。表面有绒毛的织物排料时必须沿同一个方向，有时为了达到明暗交错的特殊效果，也可以在同一件服装上使用不同的绒毛方向。

(a) 灯芯绒顺毛　　(b) 灯芯绒倒毛　　(c) 顺毛大衣呢

图2-1-10　顺毛与倒毛

■ 辩一辩 ■

哪些织物有倒顺毛（花）？排料时应如何注意？

■ 练一练 ■

1. 实验准备：准备3种不同的有倒顺毛（花）差异的布料，规格分别是25 cm × 25 cm。

2. 实验方法：

（1）看图案：并不是所有的印花图案都有倒顺，应当根据具体的花纹来确定。有完整的人像、车船、楼塔、树木等，都不能颠倒，否则就会影响外观效果。

（2）比光泽：将织物倒顺毛方向并列摆放，光线下由于反光角度的不同，会产生深浅不一的色光，观察色泽，比较深浅。顺毛反光强、色泽浅，倒毛反光弱、色泽深。

（3）摸绒毛：手指在织物表面上下抚摸绒毛，观察绒毛的竖立情况和抚摸的触感。手摸时感觉平滑、细腻的是顺毛，手摸时感觉粗糙、有涩感的是倒毛。

3. 实验操作：收集一些织物，分别采用看图案、比光泽、摸绒毛等方法分辨织物倒顺，并贴入表2-1-3。

表2-1-3　织物倒顺毛（花）判断记录表

样品类别	织物顺向粘贴	织物倒向粘贴
倒顺图案类织物		
灯芯绒类织物		
长毛绒类织物		

四、识别织物疵点

■ 学一学 ■

（一）疵点的种类和产生原因

在制作织物过程中，不可避免地会产生一些瑕疵，也就是织物的疵点。织物的疵点有纱疵、织疵、整理疵几类。纱疵是由于将含有杂质的纱纺入造成的，见图2-1-11（a）；织疵是在织造时产生的疵点，见图2-1-11（b）；整理疵是指在印染、后整理过程中产生的疵点，见图2-1-11（c）。

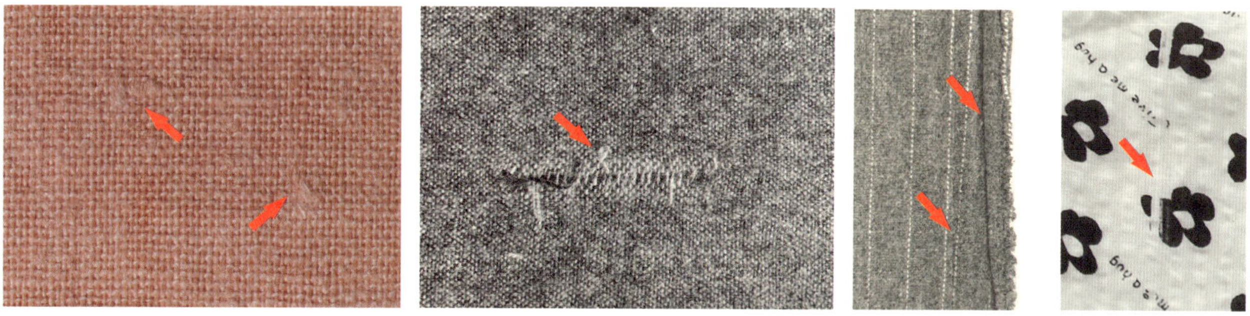

(a) 纱疵　　(b) 织疵　　(c) 整理疵

图2-1-11　疵点

纬斜是疵点的一种，即机（针）织物中经纱（纵向线圈）与纬纱（横向线圈）不垂直的现象，见图2-1-12。纬斜严重的会导致服装扭曲，影响服用效果。

色差也是疵点的一种，指在同一批染色面料中，存在着颜色差异，是服装企业重视的面料质量问题之一。色差种类很多，具体见表2-1-4。对色差明显的面料可将色差等级相近的部位排在相互缝

(a) 平纹色织面料纬斜　　(b) 斜纹面料纬斜　　(c) 针织面料纬斜

图2-1-12　纬斜

合处，并注意零部件与大身裁片就近排列，以降低成衣色差。以衬衫为例，按《衬衫》（GB/T 2660—2017）规定：领面、过肩、口袋、明门襟、袖头面与大身色差高于4级，其他部位色差不低于4级。

表2-1-4　面料色差种类表

色差种类	色差面料表现	色差面料示意图
缸差	匹与匹之间颜色有差异	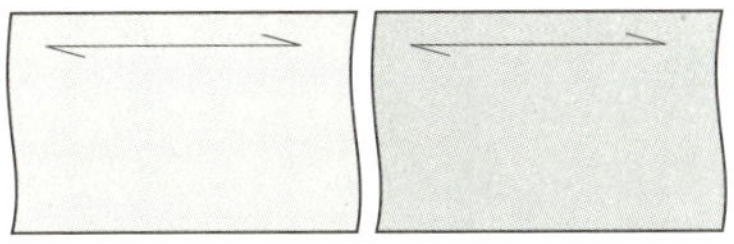
段差	同一匹面料中，前部与后部颜色有差异	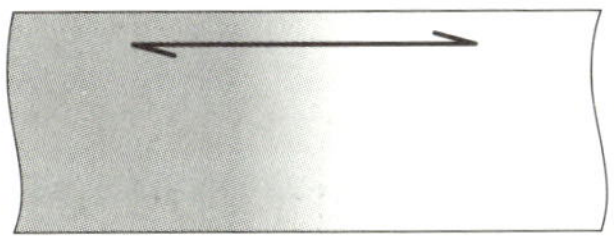
边差	同一匹面料中，门幅两侧颜色有差异	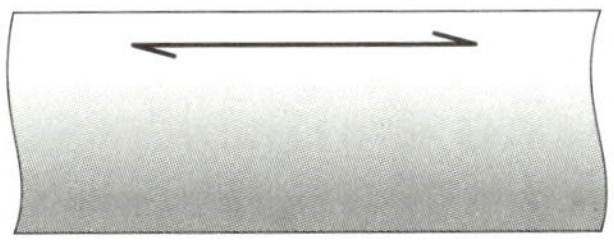
边中差	同一匹面料中，外侧与内侧颜色有差异	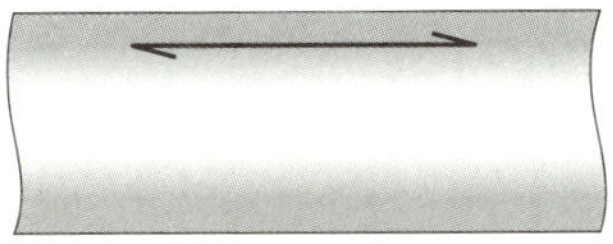

（二）疵点的处理

轻微的疵点会直接影响美观，严重的疵点会损坏服装局部的强度和耐磨度，所以严重的疵点应剪掉。对于少许疵点，排料时应适当调整排料方式，尽量将疵点安排在次要或隐蔽部位，如领里、挂面下部、内袋等，以免影响衣服的外观及耐牢度。

以衬衫为例，按《衬衫》（GB/T 2660—2017）规定：领面绝不允许出现疵点，前衣片中上部、胸袋等明显部位允许出现极轻微疵点，其他次明显部位或不明显部位允许出现不影响外观的轻微疵点。

■ 辩一辩 ■

织物的疵点有哪几类？应该怎样处理？

学习评价

请根据表2-1-5所示评价内容对本任务进行自评。

表2-1-5　评价表

时间	评价内容	是/否
课前	准备充分	
课中	1. 认真思考，积极发表意见	
	2. 分辨织物的正反面	
	3. 分辨织物的经纬向	
	4. 分辨织物的倒顺毛（花）	
	5. 分辨织物的疵点	
课后	保质保量，按时完成作业	

服材拓知

巧用面料正反面

并不是所有的织物都存在正反面，双面羊绒大衣呢就两面皆可作正面。有的织物反面花纹看起来更别致，色彩也比较柔和，像这样的织物在进行裁剪缝制的时候，可以视具体情况，把反面作为织物的正面来使用。还可以将织物正反面结合运用，形成独特的撞色风格，呈现强烈的视觉冲击感，带来不一样的服装个性表达，见图2-1-13。

图2-1-13　牛仔面料撞色设计

课后拓展

逛一逛面料市场，运用目测、手摸等方法观察织物的外观特征。

任务二

测量织物规格

学习目标

掌握织物规格测量知识，理解规格参数与织物风格、服装成本、服装品质的关系，能规范测量织物参数。

核心知识

织物的规格，指织物的密度、紧度、厚度、重量、缩率、幅宽、匹长等参数，一般随品种不同而不同，而且同样的织物品种，规格也会有很多种。

织物的密度、紧度、厚度、重量、缩率等因素与服装性能、企业成本均有直接的关联，更是保证服装商品品质的物质基础。织物的幅宽、匹长等参数与服装用料、企业成本有直接关系。

一、用多种方法测量机织物的密度

■ 学一学 ■

机织物的密度指单位长度内的纱线排列根数。经向密度指10 cm或1 in[①]内的经纱根数；纬向密度指10 cm或1 in内的纬纱根数。机织物密度的表示方法有：

（1）456 × 251（棉华达呢）：表示该织物的经向密度为456根/10 cm，纬向密度为251根/10 cm。

（2）40 × 40/133 × 72（涤棉府绸）：表示该织物的经纱是40^S单纱，纬纱也是40^S单纱；经密133根/in，纬密72根/in。

---

① 1 in=2.54 cm。

（3）20×（16+70D）/128×44（棉斜纹弹力布）：表示该织物的经纱细度20^{S}，纬纱是弹力包芯纱、棉纱细度16^{S}、芯纱70D氨纶丝；经密128根/in，纬密44根/in。

（4）420T（尼龙纺）：是T密度的表示方法，表示该织物1 in内的经纬纱根数相加是420根，常用于涤纶或锦纶等化纤长丝织物。

织物密度的大小以及经纬向密度的配置，对织物的性能有重要影响。一般情况下，密度增加则织物重量随之增加，纱线用量增加，因此密度是采购服装原材料时必须考虑的一个重要指标。同时，随着密度的增加，还会带来其他影响，如织物牢固度增加、手感变硬、透水性和透气性降低等。所以了解织物的经纬密度相当重要。

针织物的密度指单位长度内的线圈数量。横向密度指沿线圈横列方向在5 cm内的线圈数量；纵向密度指沿线圈纵列方向在5 cm内的线圈数量；总密度是横密度与纵密度的乘积。密度大的针织物比较厚实，尺寸稳定性较好、透气性较差、强度和耐磨性等较好。

■ 辩一辩 ■

1. 织物密度的表示方法有哪些?

2. 织物密度大小与织物性能有哪些关系?

■ 练一练 ■

1. 实验设备：照布镜、斜线光栅密度镜、直尺。

2. 实验材料：3块具有代表性的机织物，要求平整无褶皱、无明显纬斜，试验前把织物暴露在空气中24小时以上。

3. 实验方法：

（1）斜线光栅密度镜（菱形镜）法：将斜线光栅密度镜（图2-2-1）与织物经（纬）向平行放置，镜面上会出现近似菱形图案，见图2-2-2，菱形中心所对应刻度即织物经（纬）向纱线密度。这种测量方法虽不破坏织物且速度最快，但所得数值最不准确，并且测量长丝织物时菱形图案更易识别，短纤维织物不易识别。

（2）照布镜法：照布镜窗口（2.54 cm×2.54 cm）与经（纬）纱平行放置，借助指针，通过放大镜直接数出经（纬）纱线根数。这种方法较为准确，且不破坏织物，见图2-2-3。

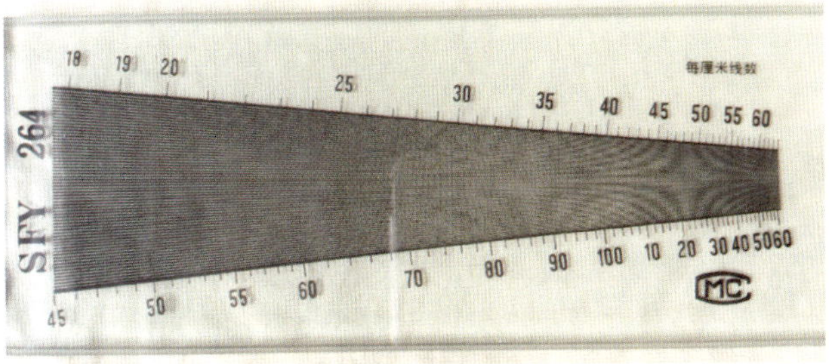

图2-2-1 斜线光栅密度镜[①]

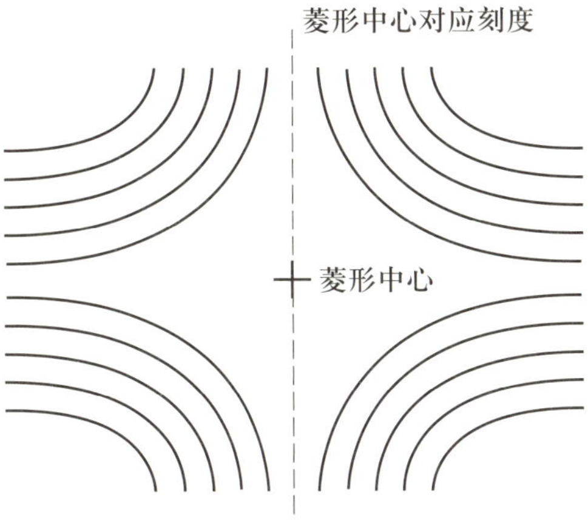

图2-2-2 斜线光栅密度镜法

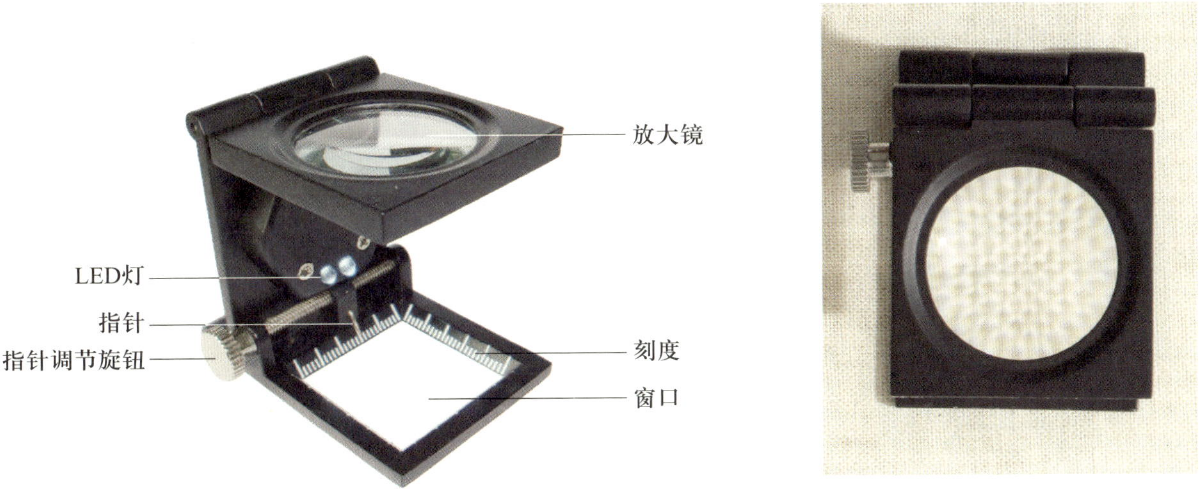

图2-2-3 照布镜

（3）拆布法：在织物的经（纬）方向量取1 cm的长度，做好标记后拆下标记区内经（纬）纱线并计数，最后换算成10 cm或1 in，即为经（纬）向密度。这种测量方法最精确，但速度最慢。

测量密度时，需在织物不同部位取样，至少3次之后计算平均值，以减小偶然误差。

4. 实验操作：使用3种方法测量织物密度，每种方法测量3次，并换算成根/10 cm。

5. 实验记录：将实验结果填入表2-2-1。

① 上排读取的数据单位为“根/in”，下排读取的数据单位为“根/cm”。

表2-2-1　测量机织物密度记录表　　　　**单位：根/10 cm**

项目		织物一		织物二		织物三	
织物名称							
组织特点							
样品粘贴							
测量方法		经密	纬密	经密	纬密	经密	纬密
斜线光栅密度镜法	第一次						
	第二次						
	第三次						
	平均值						
照布镜法	第一次						
	第二次						
	第三次						
	平均值						
拆布法	第一次						
	第二次						
	第三次						
	平均值						

二、用仪器测量织物的重量

■ 学一学 ■

织物的重量指单位面积或长度内织物的重量，常用单位为“克/平方米（g/m^2）”或“克/米（g/m）”，因而也常称克重。重量能反映织物的用料量和厚度、紧度，也能影响服装的加工性能和服用性能，是计算织物价格的主要依据。服装企业中常用圆盘取样器（图2-2-4）进行称量，称重后可以算出该织物的重量。例如，取下的织物样品重量为4.53 g，则该织物的重量为453 g/m^2。该单位也可用于表示针织物的重量。

■ 辩一辩 ■

织物的重量单位有哪些？测量织物重量有何作用？

■ 练一练 ■

1. 实验设备与材料：圆盘取样器、天平、待测量织物3块。

图2-2-4　圆盘取样器

2. 实验方法与步骤：

（1）将待测量的织物平铺在专用橡胶垫或软木垫上。

（2）将圆盘取样器置于织物上，将取样刀置于布料上，再将取样刀安全开关拔出，此时一手按住取样器外面的保护座，另一只手顺时针旋转取样刀圆柄，旋转一圈，取样完成。

（3）将取样刀开关归位后，放回盒子。

（4）将裁下的样品放入天平，称出样品重量，乘以100倍，得出1 m^2的样品克重。例如，取下的样品克重数据为1.48 g，则该织物为1.48 × 100=148 g/m^2。

3. 实验操作：使用圆盘取样器和天平测量织物的重量3次，计算平均值。

4. 实验记录：将实验结果填入表2-2-2。

表2-2-2　测量织物的重量记录表　　　　单位：g/m^2

项目	织物一	织物二	织物三
织物名称			
样品粘贴			
第一次测量			
第二次测量			
第三次测量			
平均值			

三、用水浸法和熨烫法测试织物的缩率

■ 学一学 ■

（一）织物的收缩

织物的收缩指织物在湿、热、自然放松等状态下的收缩现象。织物的收缩性能可用缩率来表示，即收缩的百分率。处理织物收缩常用的方法有3种：自然收缩、熨烫收缩和水浸收缩。自然收缩指卷装织物放松后的收缩，适用于所有织物，尤其是合纤织物。熨烫收缩指织物适当加湿熨干后产生的收缩，适用于毛型织物，尤其是高档纯羊毛织物。水浸收缩指织物浸水一段时间并晾干后产生的收缩，只适用于棉麻丝织物单件裁剪制作，不能用于工业生产。

缩率计算公式如下：

$$缩率（\%）=\frac{测试前长度（宽度）-测试后长度（宽度）}{测试前长度（宽度）}\times 100\%$$

处理织物收缩的方法还有样板加放法，是在裁剪前先测试织物的缩率，然后将经、纬向的缩率直接加到样板中去的方法。设织物的经向缩率$S_{经}$=4%，纬向缩率$S_{纬}$=2%，服装衣长为64 cm、胸围100 cm，则净样板衣长应为64/（1−$S_{经}$）=66.7 cm，净样板胸围应为100/（1−$S_{纬}$）=102 cm。在服装CAD软件中，缩率加放非常快捷，大大提高了企业的工作效率，但是只适用于中低档服装生产。

（二）织物的水浸收缩缩率（缩水率）

织物缩水率的大小主要与纤维吸湿性和织物组织有关。合成纤维吸湿性差，织物一般不会缩水，因此不用考虑缩水率。常见织物缩水率见表2-2-3。

表2-2-3　常见织物缩水率表

类型	品种	经向缩水率（%）	纬向缩水率（%）
纯棉织物	平布	6.0	2.5
	府绸	4.5	2.0
	斜纹布	4.0	3.0
	卡其	5.0	2.0
	灯芯绒	3.0	2.0
	泡泡纱	6.0	3.0
	劳动布	5.0	5.0
	线呢	8.0	8.0

类型	品种		经向缩水率（%）	纬向缩水率（%）
真丝织物	电力纺、绢丝纺		5.0	2.0
	双绉、乔其纱		10.0	3.0
	真丝与其他化纤交织		5.0	3.0
呢绒织物	粗纺呢绒	纯毛或含毛量70%以上	3.5	3.5
	精纺呢绒	华达呢、哔叽等光面织物	3.5	3.5
		啥味呢等绒面织物	5.0	4.5
	组织结构较疏松		5.0以上	5.0以上
黏胶织物	人造棉、美丽绸等		10.0	8.0

■ 辩一辩 ■

织物收缩的处理方法及缩率的计算公式是什么？

■ 练一练 ■

1. 实验设备与材料：测试用织物、温水、浸水容器、熨斗、温度计。

2. 实验方法与步骤：

（1）水浸法缩率实验。

① 离布匹的头部或尾部1 m以上，除去两边布边后，裁剪60 cm × 60 cm织物，中间画好50 cm × 50 cm的标记。

② 将测试用织物用40℃的温水完全浸泡，搅动，使水分充分浸润纤维，15分钟后取出，在室温下晾干（不可拧干）。

③ 待测试用织物晾干后，测量织物经向长度和纬向长度，并计算该织物经纬向的缩率。

（2）干熨烫法缩率实验。

① 按同样的方法，取50 cm × 50 cm织物作为测试用织物。

② 根据不同织物的熨烫温度条件，在测试用织物上均匀熨烫15秒后自然冷却。熨烫时应安全使用熨斗。

③ 待凉透后，测量织物经向长度和纬向长度，并计算该织物经纬向的缩率。

（3）湿熨烫法缩率实验。

① 按同样的方法，取50 cm × 50 cm织物作为测试用织物。

② 在测试用织物上用清水喷湿，注意喷洒均匀，熨斗调至适宜温度后在试样上往复熨烫，时间不宜过久，熨干为宜。

③ 待测试用织物晾干后，测量织物经向长度和纬向长度，并

计算该织物经纬向的缩率。

3. 实验操作：使用3种方法测量织物缩率，每种方法测量3次，计算平均值。

4. 实验记录：将实验结果填入表2-2-4。

表2-2-4 测量织物缩率记录表

项目		织物一		织物二		织物三	
织物名称							
原料							
样品粘贴							
测量方法		经向缩率（%）	纬向缩率（%）	经向缩率（%）	纬向缩率（%）	经向缩率（%）	纬向缩率（%）
水浸法	第一次						
	第二次						
	第三次						
	平均值						
干熨烫法	第一次						
	第二次						
	第三次						
	平均值						
湿熨烫法	第一次						
	第二次						
	第三次						
	平均值						

注：受实验时间、实验场地等限制，每种方法可视情况做1 ~ 2次，最后用同种织物与其他小组进行数据对比。

四、认识织物的其他参数

■ 学一学 ■

（一）紧度

织物的紧度指织物中纱线覆盖面积与织物全部面积之比（%）。比值大的说明织物紧密，比值小的说明织物稀疏，常用于比较相同密度、不同粗细纱线的织物。因为在纱线密度相同情况下，纱线粗的织物比较紧密，纱线细的织物比较疏松。

（二）匹长

机织物的匹长，指机织物的有效长度，常用单位为“m（米）”，出口时也采用“y（码）[①]”作为单位。针织物的匹长以定重方式为主，常用单位为“kg（公斤）”。

匹长主要根据织物用途、织物厚度重量与织物卷装容量等因素而定。过长或过短都有可能在使用过程中产生不必要的浪费。一般织物的匹长在25 ～ 40 m。

（三）幅宽

幅宽也称“门幅”，指织物的有效宽度，常用单位为“cm（厘米）”，国际贸易中有时用“英寸（in）”表示。根据不同的幅宽，可把织物分为四种类型，具体见表2-2-5。

表2-2-5　织物幅宽分类表

制度	窄幅	中幅	宽幅	特宽幅
厘米制	100 cm及以下	112 cm	142 ～ 150 cm	152 cm及以上
英寸制	40 in及以下	44 in	56 ～ 60 in	60 in及以上

测量幅宽数据过程中，需在距织物头尾1 m处各测一次，中间不同位置测3次，然后取平均值。通常情况下，门幅大的织物可以采用“套排”方法以提高织物的利用率。但是织物的门幅不是越大越好，一方面是因为裁剪操作台宽度有限；另一方面是过宽门幅的织物在印染时容易产生“边差”或“边中差”，提高了排料难度，一旦操作不当，会直接导致成衣质量下降。目前，特宽幅织物一般不用于制作服装，大多用于制作床上用品或窗帘等家居用品。

由于布边不能用于排料裁剪，因此面料采购合同中约定的门幅应为“有效门幅”，即去除布边和针孔的实际幅宽。

（四）厚度

厚度指在一定压力下，织物正反面之间的距离。织物厚度影响着织物的保暖性、透气性、耐用性、防风性和悬垂性等，也决定了裁剪铺料时的层数。织物的厚度一般用“mm（毫米）”作单位。常见织物厚度见表2-2-6。

---

① 1 y=0.914 4m。

表2-2-6 常见织物厚度表 单位：mm

织物类型	织物名称及厚度				
棉织物	细布	府绸	贡缎	帆布	重磅牛仔布
	0.164	0.225	0.239	0.966	0.986
麻织物	亚麻布	夏布	丝麻混纺布	苎麻布	棉麻提花布
	0.201	0.256	0.324	0.348	0.585
丝织物	电力纺	乔其纱	素绉缎	织锦缎	金丝绒
	0.045	0.166	0.185	0.412	0.718
毛织物	哔叽	凡立丁	直贡呢	双面羊绒呢	麦尔登
	0.279	0.337	0.483	0.985	1.315
针织物	汗布	卫衣布	夹棉针织布	拉绒针织布	摇粒绒
	0.492	1.160	1.635	1.708	1.928

注：以上数据仅代表个别样本，且测试时压力值相同。

■ 辩一辩 ■

1. 厚度的单位是什么？测量织物紧度、厚度参数有何意义？
2. 掌握织物匹长、幅宽有何作用？

学习评价

请根据表2-2-7所示评价内容对本任务进行自评。

表2-2-7 评价表

时间	评价内容	是/否
课前	准备充分	
课中	1. 认真思考，积极发表见解	
	2. 会织物密度测量、重量的测量与换算	
	3. 会计算织物的缩率	
课后	保质保量，按时完成作业	

服材拓知

姆 米

对于真丝织物而言，有一个专属的重量单位：姆米（m/m）。姆米能反映真丝织物的厚度和用丝量的多少，因此能直接体现真丝织物的成本。同类真丝织物用姆米值的大小来区分厚薄。一般将14 m/m以下的织物划分为轻薄型丝织物，14 ～ 28 m/m的为中等厚度丝织物，28 m/m以上的为厚型（重磅）丝织物。

姆米（m/m）与每平方米克重（g/m^2）之间的换算常数为4.305 6，如16 m/m≈68.9 g/m^2（16 × 4.305 6），28 m/m≈120.6 g/m^2（28 × 4.305 6）。

虽然姆米值越大，所用真丝原材料越多，但不能简单地说姆米值越大质量越好。真丝织物常用的姆米值有12、16、19、22、25、30等，适用范围各不相同。例如，12 m/m的较薄透，常用做丝巾；16 ~ 22 m/m的软硬厚薄适中，可以做衬衫；30 m/m的相对硬厚，适合做旗袍。

马王堆汉墓出土的西汉直裾素纱禅衣织物重量仅为12 g/m^2，整件素纱禅衣重量仅49 g，其高超的制作技艺代表了西汉初期养蚕、缫丝、织造工艺的最高水平，也展现了我国古代辉煌的纺织技艺。

课后拓展

1. 说一说织物标签的数字和字母所代表的含义，见图2-2-5。

纺织有限公司	
成份	85%C　15%N
纱支	$80^S/2\times45^S$
组织	平纹
克重	140 g/m^2
密度	87×77
门幅	150 cm

纺织有限公司	
成份	92%W　8%T
纱支	21 tex×2　23 tex×2
组织	斜纹
克重	253 g/m^2
密度	320×267
门幅	155 cm

图2-2-5　织物标签

2. 设女西裤臀围96 cm、裤长103 cm、腰宽3.5 cm，用于制作女西裤的织物$S_{经}$=5%、$S_{纬}$=3%，求女西裤前片净样板的臀围和裤长。

3. 测试织物缩率时，哪种织物的缩水率最大，哪种织物的干熨烫法缩率最大？为什么？

任务三

认识织物性能

学习目标

了解织物的性能和影响因素，理解制作各类服装的织物所需的性能。

核心知识

有些设计师先设计服装款式，再寻找适合的服装材料；有些设计师利用服装材料独特的风格激发创作灵感，设计服装款式。无论哪种设计方式，以织物为主的服装材料性能都是决定服装设计成败的关键。随着新型化学纤维的不断问世以及纺织技术、染整技术水平等的不断提升，织物品种更加丰富多彩。认识织物的性能，能更好地为服装设计、服装生产服务。

织物性能包括外观性能、舒适性能、耐用性能和安全/特种性能等。影响织物性能的因素很多，主要有纤维的原料与形态、纱线的结构、织物的组织和染整后加工技术等。其中，纤维的原料起决定性的作用。

能力训练

一、认识织物外观性能

■ 学一学 ■

织物的外观性能指织物所展现的风格特征，具体有抗皱性、弹性、保形性、悬垂性、刚柔性、光泽感、褶裥持久性、勾丝性、起毛起球性、免烫性等，多种性能相辅相成，形成多样化的服装外观效果。

（一）抗皱性、弹性与保形性

织物在加工、穿用和洗涤收纳时，受到作用力后发生弯曲变形而产生褶皱的性能称为褶皱性。织物抵抗弯曲变形的能力称为抗皱性。去除外力后织物回复到起始状态的能力是弹性，分为可以回复的弹性变形和不可回复的塑性变形两种。去除外力后能立即回复原状的变形称为急弹性变形，经过一段时间能逐渐回复的变形称为缓弹性变形。

四大天然纤维中，毛纤维的抗皱性最差，但是弹性非常好，产生的褶皱能够缓慢回复，因此纯羊毛服装的外观保持性即保形性很好，即使穿皱了，挂一段时间就能回复平挺。麻纤维的抗皱性最好、弹性最差，即纯麻织物虽然抗皱性好，但一旦褶皱之后无法自然回复，导致保形性最差，所以纯麻服装穿一段时间后总会皱巴巴的。与弹性好的纤维，如氨纶、锦纶、涤纶等混纺或交织，可提高棉麻织物的保形性。

（二）刚柔性与悬垂性

织物的硬挺或柔软程度称为刚柔性，与服装造型有密切关系。使用柔软织物制成的服装，外观线条流畅自然、富有动感；使用刚硬织物制成的服装，外观挺拔饱满、富有体积感。

在同样条件下，羊毛、黏胶、锦纶等纤维较柔软，麻、涤纶等纤维较刚硬。以同种纤维为原料时，纱线越细、捻度越低、交织次数越少、密度和厚度越小，织物越柔软。针织物比机织物柔软。

由于重力作用，织物在自然悬垂状态下形成平滑圆顺、曲率流畅、曲面自然外观的特性称为悬垂性。悬垂性好的织物，能够形成光滑流畅的曲面造型，给人以良好的视觉享受，如制作大摆裙、窗帘、幕布等应选择悬垂性良好的织物。通常情况下，纤维抗皱性越好、纱线结构越紧密、织物越厚重，悬垂性相应会越差。麻织物悬垂性较差，羊毛织物、黏胶织物、蚕丝织物等悬垂性较好。其他条件相同情况下，细纤维织成的织物悬垂性比粗纤维织物好，纱线捻度适中且细有利于提高织物悬垂性。针织物悬垂性优于机织物。

（三）勾丝性和起毛起球性

勾丝性即组成织物的纤维或纱线由于受到尖锐物体的勾刮而被拉出织物表面的现象，通常发生在长丝机织物和针织物中。勾丝发生时，织物中的纤维被勾出，在织物表面形成线环。在外力作用剧烈或长时间摩擦的情况下，线环会断裂，在织物表面形成毛茸。纤维弹性越好、纱线结构越紧密、织物表面越平整，越不容易勾丝。

织物起毛起球的过程可分为起毛、纠缠成球、毛球脱落三个阶段。棉织物、麻织物、黏胶织物几乎不会起毛起球，毛织物有起毛起球现象，锦纶、涤纶织物最易起毛起球。纱线捻度大时，纤维被束缚紧密，不易起毛起球；织物结构越紧密，越不容易起毛起球。

针织物比机织物容易起毛起球。

（四）光泽感

织物的光泽是指织物表面对光线的反射和折射情况。通常，光滑的纤维表面能够产生镜面反射，光泽感强。粗细均匀的圆形截面纤维光泽亮且刺眼；异形纤维可使光线产生漫反射，光泽较为柔和。长丝织物光泽感强，短纤维织物内部纤维散乱，光泽感较弱。随着纱线捻度的增加，织物内部纤维变得更加整齐，光泽感随之增强。但当捻度增加到一定限度之后，织物表面会不平整，从而使光泽感变弱。三原组织中，缎纹组织浮纱最长，表面光泽感强。针织物组织由于采用纤维或纱线弯曲串套的形式，反光一致性差，导致光泽感弱。光泽感强的织物有华丽莹润的外观风格，光泽感弱的织物有质朴柔和的外观风格。

织物的光泽感还可以通过丝光作用等后整理工艺增强或削弱，如烧毛工艺、剪毛工艺、消光工艺、轧光工艺、金属光泽整理、珠光整理等。

（五）褶裥持久性

褶裥持久性指织物经熨烫后形成的褶裥（含压褶、轧纹等）经穿用或洗涤后仍能保持原样的能力。大部分合成纤维的褶裥持久性好，如涤纶纤维和腈纶纤维。褶裥持久性还与热定型处理时的温度、压强、时间及织物的含水率有关。例如，纯毛织物的干态褶裥持久性较好，但湿态褶裥持久性较差，水洗后易皱。合适温度下，厚织物熨烫时适当喷水能获得更好的褶裥持久性。

■ 辩一辩 ■

1. 织物的外观性能包含哪些?

2. 简述织物外观性能与纤维原料、纱线结构、织物组织和染整后加工等因素的关系。

■ 练一练 ■

（一）分辨织物外观风格

1. 实验材料：准备3块以上风格各异的织物，要求平整无褶皱，每块织物规格均不小于20 cm × 20 cm。

2. 实验操作：眼看，手摸、手捏（平行于织物平面方向上使用抚摸等动作，垂直于织物平面方向上使用按压、握持、抓捏等动作）。

3. 实验记录：将结果用描述性词语填入表2-3-1。

表2-3-1　织物外观风格分辨

项目	织物一	织物二	织物三
织物名称			
样品粘贴			
光泽感			
刚柔性			
弹性			
其他外观性能			
作用推荐			

（二）测试织物悬垂性

1. 实验设备与材料：小圆台（直径约12 cm，高度约30 cm），厚度不同、材质不同的测试用织物5块（熨烫平整、规格均为50 cm × 50 cm）。

2. 实验方法与步骤：将织物放在小圆台上，自然下垂，实验参考照片见图2-3-1。

图2-3-1　织物悬垂性测试实验照片

3. 实验原理：织物下垂越充分、越贴近小圆台、波浪数量越多，表示其悬垂性越好。

4. 实验记录：将实验结果贴入表2-3-2。

表2-3-2　织物悬垂性实验结果

按悬垂性不同，将测试用织物剪成小样后从差到好依次粘贴

（三）测试织物硬挺度

1. 实验设备与材料：若干书本，测试用织物（5块裁成长方形的布条，规格均为长20 cm ± 1 cm，宽2.5 cm ± 1 cm）。

2. 实验方法与步骤：将若干书本叠在平整桌面上，将测试用织物慢速向外推出，直到它的前端与桌面接触。在书本高度不变的情况下，测量不同织物的推出距离。推出距离越长，织物越硬挺，见图2-3-2。

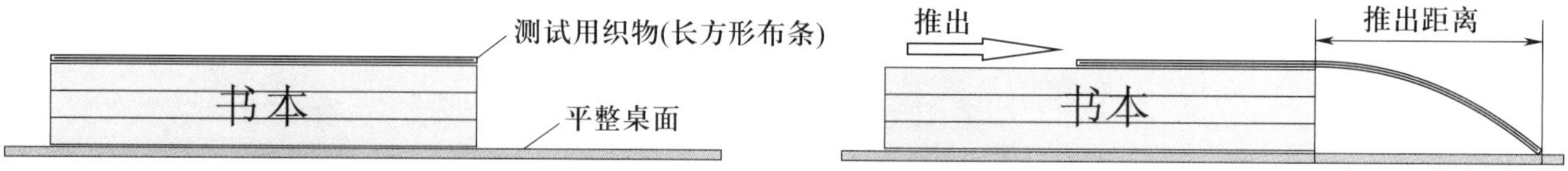

图2-3-2　织物硬挺度测试实验图

3. 实验记录：将实验结果贴入表2-3-3。

表2-3-3　织物硬挺度实验结果

按硬挺度不同，将测试用织物剪成小样后从硬到软依次粘贴

二、认识织物舒适性能

■ 学一学 ■

织物的舒适性能包括透气性与透湿性、吸湿性、防水性、保暖性、抗静电性等，是服装材料为满足人体生理需求所必须具备的

性能。

（一）透气性与透湿性

透气性指空气穿透织物的能力。透湿性指水分子透过织物并释放的能力。这两者是影响人体与环境进行热湿交换的重要因素，对人体的舒适度感觉影响最大。夏季服装尤其需要具有优良的透气性和透湿性。

一般织物的密度越大，厚度越厚，透气性越差；同等条件下，平纹组织的透气性优于斜纹组织和缎纹组织。麻纤维的透湿能力强，吸汗后容易干燥，穿着不贴身，非常舒适。普通合成纤维服装透湿性差，出汗后会使人体感到特别不舒服，但使用超细纤维加工的合成纤维服装透湿性极好，汗水能依靠“毛细作用”转移到织物外层并散发出去。

（二）吸湿性

吸湿性指纤维或织物吸收水分的能力。吸湿性好的织物能及时吸收人体排放的汗液，始终保持皮肤与服装之间的干燥状态，使人体感到舒适，没有闷热感。

在所有纤维中，天然纤维和再生纤维的吸湿性远高于合成纤维。合成纤维吸湿性普遍较差，但具有良好的洗可穿性。纺织纤维吸湿性强弱排列顺序如下：羊毛＞黏胶＞富强＞麻＞蚕丝＞棉＞维纶＞锦纶＞腈纶＞涤纶＞丙纶。

弱捻纱织物比强捻纱织物的吸湿性好，短纤纱比长丝纱好，针织物组织比机织物组织好。

为保证贸易公平，纤维或织物称重、计价时均以公定回潮率为标准，即在温度20 ℃ ± 2 ℃、相对湿度65% ± 2%的规定环境条件下，经充分平衡后纤维所吸收的水分与其干燥重量的百分比。

（三）防水性

防水性指防止水分透过织物的能力。防水性的好坏直接关系着户外用品，如风雨衣、登山服、伞、帐篷等的品质。密度大或经上蜡处理的织物防水性较好，经涂层、涂膜处理的织物甚至可以做到不透水。

（四）保暖性

保暖性指织物阻止热量从高温部位向低温部位传递与扩散的能力，主要取决于纤维的导热系数和织物的含气量、含水量。

导热系数值越大，表示导热性能越好、保暖性越差。静止空气的导热系数为0.026、棉的导热系数为0.071 ~ 0.073、羊毛的导热系数为0.052 ~ 0.055，而水的导热系数为0.597。麻因导热系数较大，所以夏天穿着麻纤维类服装人体会有凉爽感。

含气量指织物中静止空气的含量。结构蓬松、表面起绒起毛的材料，由于含气量大，保暖性较好。另外，织物越厚实，保暖性越好；纱线捻度越大，保暖性越差；织物越薄，保暖性越差。将合成纤维制成中空纤维可以提高服装的保暖性。

含水量指织物中的水分含量。水的导热系数远远高于其他纤维材料，因此穿着汗湿的服装人体会有凉感。

（五）抗静电性

服装穿着过程中受到摩擦产生静电，由于织物本身不导电，因此静电会留在织物上。静电会导致服装产生相互吸附扭曲、缠身、灰尘附着、人体接触金属受到电击等弊病。纤维素纤维（除了醋酯纤维）织物基本没有静电现象；羊毛和蚕丝会受到一定的静电干扰，如黑暗环境中脱毛衣能看到闪光；合成纤维的静电现象更严重，轻薄的裤管、裙摆会贴在腿上。为避免产生静电，可在织造时加入金属纤维或导电纤维提高织物导电性。值得注意的是，一些特殊行业，如加油站工作人员的工作服必须选择抗静电性良好的织物。

■ 辩一辩 ■

1. 织物的舒适性能包含哪些?

2. 简述织物的舒适性与纤维原料、纱线结构、织物组织和染整后加工等因素的关系。

三、认识织物耐用性能

■ 学一学 ■

织物的耐用性能包括强度、耐磨性、耐日光性、耐酸碱性、防微生物性等，直接关系到织物或服装的使用寿命。

（一）强度

强度指拉伸强度、撕裂强度和顶破强度，其中以拉伸强度为主，一般用断裂强度表示织物拉伸强度的大小。断裂强度指单位面积材料所能承受的最大拉伸力，纤维性能是决定纤维断裂强度的关键因素。天然纤维的断裂强度从高到低排列分别为：麻、蚕丝、棉、羊毛；化学纤维的断裂强度从高到低排列分别为：锦纶、涤纶、维纶、腈纶、黏胶，且锦纶的断裂强度高于麻纤维。

部分纤维含有一定量的水分后，其断裂强度会有所变化。合成纤维除维纶之外由于几乎不吸湿，干态断裂强度与湿态断裂强度几乎没有差异。棉、麻纤维湿态断裂强度略有上升，而黏胶纤维的湿态断裂强度仅为干态断裂强度的50%左右。利用这一纤维特性，可以使用手感目测法区分纯棉纤维和黏胶仿棉型纤维。为提高黏胶纤维的湿态断裂强度，人们研发了与黏胶纤维相似的富强纤维。

服装等纤维制品在穿用过程中，会承受各种强度不大但持续不断的作用力，若能为服装创设不受力条件，如勤换勤洗，就能有效延长服装使用寿命。

（二）耐磨性

摩擦是服装损坏的主要原因之一，织物的耐磨性是指织物对外力磨损的耐受性。常见磨损方式有平磨、曲磨和折边磨三种。平磨是作用在较大平面上的磨损，如臀部、袜底等处。曲磨是作用在弯曲部位的磨损，如肘部、膝部等处。折边磨是作用在服装折边处的磨损，如领口、袋口、袖口、裤脚口等处。

影响织物耐磨性的决定因素是纤维的性能，纤维强度大、弹性好，则耐磨性好。天然纤维中耐磨性最好的是羊毛纤维，最差的是麻纤维；化学纤维中耐磨性最好的是锦纶，而且锦纶的耐磨性优于羊毛纤维。

耐磨性还受纱线结构、织物组织以及染整后加工等因素影响。通常情况下，纱线越粗，耐磨性越好，纱线捻度适当增大有利于提高耐磨性，股线织物的耐磨性比单纱织物好，织物密度适中时耐磨性最好，树脂整理能够提高织物耐磨性。

测试织物耐磨性的方式有两种：实际穿着试验法和实验室设备检测法。虽然实际穿着法的实验结果更符合实际情况，但花费时间很长、成本较高，因此常使用实验室设备检测法进行检测。

（三）耐日光性

长时间的日光照射会使纤维强度下降，褪色并失去光泽，因此对于户外服装而言，耐日光性很重要。所有常见纤维中，耐日光性最好的是腈纶，其次是麻。蚕丝的耐日光性非常差，真丝服装洗净后不能暴晒，只能在通风处阴干。

（四）耐酸碱性

耐酸性与耐碱性分别指纤维或织物对酸和碱的抵抗能力，其性能优劣取决于纤维本身的成分。

棉麻纤维和黏胶纤维都是纤维素纤维，耐碱性较好，耐酸性较差。棉麻织物能利用氢氧化钠进行丝光处理。经丝光处理的棉麻织物光泽感、染色性能和尺寸稳定性能等有所提高。若将织物置于氢氧化钠溶液中不施加张力任其收缩，织物会更加紧密平整、富有弹性，这种方法常用于棉针织物的后整理。用棉纱或黏胶纱包裹涤纶长丝制成包芯纱后织成织物，把含有酸性成分的浆料通过丝网印在织物上，接触浆料的棉或黏胶被腐蚀后洗净，露出内里的涤纶长丝，会形成透明的烂花花纹。

丝、毛纤维和再生蛋白质纤维都是蛋白质纤维，耐酸性较好。羊毛织物可以使用酸性染料进行染色并制作防酸工作服。丝、毛纤维耐碱性极差，不能使用含碱性物质的普通洗衣液或洗衣皂洗涤。

合成纤维的耐酸耐碱性各有特点，总体能力强于天然纤维和再生纤维。

利用纤维耐酸耐碱性不同的特点，既可以鉴别纤维的成分，也可以制作具有独特风格的织物，如丝光棉、烂花布、涤纶仿真丝绸等。

（五）防微生物性

除麻、竹纤维和合成纤维以外的其他常见纤维都易受真菌影响，特别是湿热环境下，真菌极易繁殖，导致服装霉烂变质。保存这类服装时应注意维持环境干燥。

几乎所有纤维都会受到虫蛀，其中蛋白质纤维更易受到虫蛀。收纳丝毛、裘皮类服装时应放置防虫剂。

■ 辩一辩 ■

1. 织物的耐用性能包含哪些?

2. 简述织物的耐用性与纤维原料、纱线结构、织物组织和染整后加工等因素的关系。

四、认识织物安全/特种性能

■ 学一学 ■

（一）pH

织物在印染和后整理过程中使用的染料和助剂会带有一定的酸、碱性，并留存在织物上。一般织物的pH要保持在弱酸性至弱碱性才有利于人体健康。我国国家强制性标准《国家纺织产品基本安全技术规范》（GB 18401—2010）规定：A类婴幼儿纺织产品pH

限制在4.0 ～ 7.5，B类直接接触皮肤纺织产品pH限制在4.0 ～ 8.5，C类非直接接触皮肤纺织产品pH限制在4.0 ～ 9.0。

（二）染色牢度

织物颜色需有一定的持久性，不容易褪色。染色牢度是指印染织物的颜色经过日晒、皂洗、摩擦、熨烫、汗渍、刷洗等物理或化学作用后的褪色程度，是衡量染色产品质量的重要指标。染色牢度与纤维种类、纱线结构、织物组织、印染方法、染料种类、外界作用力大小有关。染色牢度检测项目繁多，主要有耐日晒色牢度、耐汗渍色牢度、耐水洗色牢度、耐干洗色牢度、耐皂洗色牢度、耐干/湿摩擦色牢度、耐唾液色牢度等。耐日晒色牢度分为八级，一级最差，八级最好；其他指标均分为五级，均是一级最差，五级最好。

染色牢度检测项目由服装产品的最终用途及产品标准确定，如真丝服装耐日光性特别差，必须检测耐日晒色牢度；户外服装、遮阳布、帐篷等的使用环境均在室外，也必须检测耐日晒色牢度；针织内衣与身体直接接触，必须检测耐汗渍色牢度；婴儿、幼童可能会咬衣服，他们的服装必须检测耐唾液色牢度；小童的活动范围大，他们的服装必须检测耐摩擦色牢度；全毛服装必须检测耐干洗色牢度。

（三）阻燃性

棉麻纤维和腈纶纤维易燃，且燃烧速度很快。实际上，大部分纤维是可燃纤维。氯纶是难燃纤维，离开火焰后会自行熄灭。除一些功能型服装要求具有阻燃功能外，婴儿服装和老年人的服装也有相应的阻燃需求。

■ 辩一辩 ■

1. 织物的耐用性能包含哪些？

2. 织物的耐用性与纤维原料、纱线结构、织物组织和染整后加工等因素的关系。

■ 练一练 ■

测试织物耐摩擦色牢度

1. 实验设备与材料：颜色相近的测试用印染织物5块（分别为棉、毛、丝、涤纶、人造棉），规格均不小于20 cm × 20 cm，白色细棉布若干块。

2. 实验方法与步骤：手指裹上干燥的白色细棉布，用一定的力，在印染织物上来回摩擦一定次数（如20次），然后观察印染织物的褪色情况和白色细棉布的沾色情况。假如实验结果不明显，可适当增加摩擦次数。白色细棉布沾水后再做一次实验，摩擦次数与前一次相同。

3. 实验原理：印染织物的耐摩擦色牢度跟染料与织物的结合情况等因素有关。测试完成后，如果印染织物没有褪色或白色细棉布上未沾上颜色，则表示耐摩擦色牢度好。耐摩擦色牢度分为耐干摩擦色牢度和耐湿摩擦色牢度两种，耐湿摩擦色牢度一般比耐干摩擦色牢度略差。

4. 实验记录：将测试前的织物及测试后的织物和相应的白色细棉布贴入表2-3-4。

表2-3-4　耐干/湿摩擦色牢度测试表

项目		棉织物	毛织物	丝织物	涤纶织物	人造棉织物
原样品粘贴						
摩擦次数						
耐干摩擦色牢度	印染织物					
	白色细棉布					
耐湿摩擦色牢度	印染织物					
	白色细棉布					
结论						

五、按服装品类确定服装材料性能需求

■ 学一学 ■

现代消费者购买服装不仅为“蔽体御寒”，更有装饰和标志身份的目的，因此许多消费者选择服装时首先考虑的是服装穿着的时

间、场合、地点。不同的时间、不同的场合、不同的地点有不同的着装要求。当然，消费者往往可以为了强调突出某一方面的效果而淡化甚至忽视其他要求。例如，家居服装，强调穿着轻便与舒适，可以忽视对挺括外观的追求；工作服的款式比较单一固定，但对耐用性要求较高；礼服强调外观效果，对价格、舒适度等可以做出适当妥协。如图2-3-3所示，消费者对5种服装的材料外观保持性、舒适性、耐用性三方面的重视程度，重视程度从低到高分为5级，“1”表示非常不重视，“5”表示非常重视，1—5表示重视度逐渐增强。

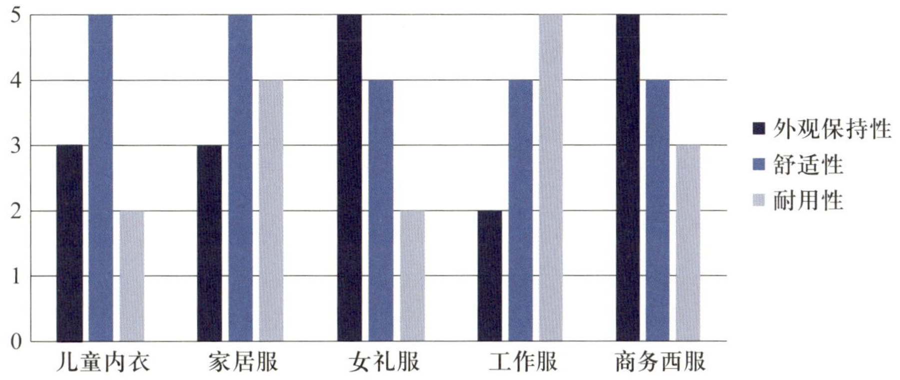

图2-3-3　消费者对不同服装的材料的选择标准量化分析示意图

服装性能由织物性能决定，因此正确认识织物性能，对于服装设计和服装制作都有重要意义。

■ 练一练 ■

分析校服等服装品类对服装材料的外观保持性、舒适性、耐用性、安全/特种性能的重视程度，并将自己的想法填入表2-3-5。

表2-3-5　校服等对服装材料的选择标准量化分析表

品类	外观保持性	舒适性	耐用性	安全/特种性能
校服（以下可自行填写）	□□□□□	□□□□□	□□□□□	□□□□□
	□□□□□	□□□□□	□□□□□	□□□□□
	□□□□□	□□□□□	□□□□□	□□□□□

注：在“□”处涂黑或打钩做标记。标记1格为非常不重视或非常不重要，标记5格表示非常重视或非常重要，1—5表示重视（重要）度逐渐增强。

六、按服装品类确定织物风格

■ 学一学 ■

织物的风格指以视觉触觉为主的、人的多个感觉器官对织物产生的综合评价。以视觉感知的风格通常称为外观风格，简称为外观；以触觉感知的风格通常称为手感风格，简称为手感。织物风格包括的内容十分丰富，见表2-3-6。外观风格主要有光泽、色彩、花型、表面特征等；手感风格主要有柔软、挺括、滑糯、丰满、蓬松、板结等。与外观风格相比，手感风格能更直观地确定织物档次或价位，所以手感评价受到越来越多的重视。

表2-3-6　常见织物风格描述列举

风格种类	风格描述
表面特征	朴素、高雅、光滑、爽洁、滑糯、平挺、粗糙、黏涩
光泽感	华丽、明亮、暗淡、柔和
软硬感	柔软、生硬、软烂、有身骨、板结
冷暖感	温暖、凉爽
疏密感	致密、疏松
重量与体积感	丰满、丰厚、蓬松、轻薄、轻盈、厚重、垂坠、沉重、沉稳
弹性	弹性好、挺括、不板不烂、活络、疲软

不同品类的服装必须具有与其用途相符的风格。例如，内衣类织物要求具有柔软亲肤感，西服类织物要求挺括保形。夏装用织物要求轻薄凉爽，冬装用织物要求厚实保暖。不同品种的织物也会具有不同的风格，呢绒类织物风格挺括、弹性好、手感柔软、丰满滑糯、不板不烂、呢面匀净、颜色纯正、光泽柔和而有膘光。丝绸织物风格轻盈飘逸、手感滑爽柔软、色彩鲜艳、外观高雅华丽。

织物风格的评定方法有主观评定法和客观评定法两种。织物风格的主观评定是通过手在平行于织物平面方向上的抚摸，垂直于织物平面方向上的按压、握持、抓捏织物获得触摸感觉，以及通过视觉对织物的外观做出的评价，一般用文字表示。由于主观评定法受到物理、心理和生理等因素的影响，评定结果有一定差异性。织物风格的客观评定是通过仪器测试织物的各方面性能，用数据来表示其特征。客观评定的数据往往不能直观反映织物的风格属性。

■ 辩一辩 ■

织物风格的含义是什么？有哪两种评定方法？

■ 练一练 ■

根据服装品类，分析织物所需风格，并填入表2-3-7。

表2-3-7　服装品类与相应织物风格关系表

服装品类	相应织物所需风格

学习评价

请根据表2-3-8所示评价内容对本任务进行自评。

表2-3-8　评价表

时间	评价内容	是/否
课前	准备充分	
课中	1. 认真思考，积极发表见解	
	2. 理解并区分织物的外观性能、舒适性能和耐用性能	
	3. 会分辨织物风格	
	4. 会简单测试织物的悬垂性和硬挺度	
	5. 活动/实验积极主动，团队配合和谐	
课后	保质保量，按时完成作业	

项目三 | 认识服装辅料

项目导言

服装材料包括服装面料和服装辅料两大类，其中，服装面料是构成服装的主体材料，服装辅料是构成服装的附属材料。服装辅料具有辅助和衬托等作用，种类繁多，是制作服装不可缺少的材料。

服装辅料与服装面料的配伍协调在现代服装设计中越来越重要。辅料作为服装的点睛之笔，如果恰当运用能更好地表现服装风格，如果选配不当则会降低服装外观效果和内在质量。学习服装辅料知识是为了明确服装与辅料存在整体与局部的关系，以便在服装设计与制作中更好地选用辅料，使整件服装达到最佳效果。

本项目将帮助学生认识服装辅料，尤其是纽扣、拉链的种类、特点与选配技巧。

思维导图

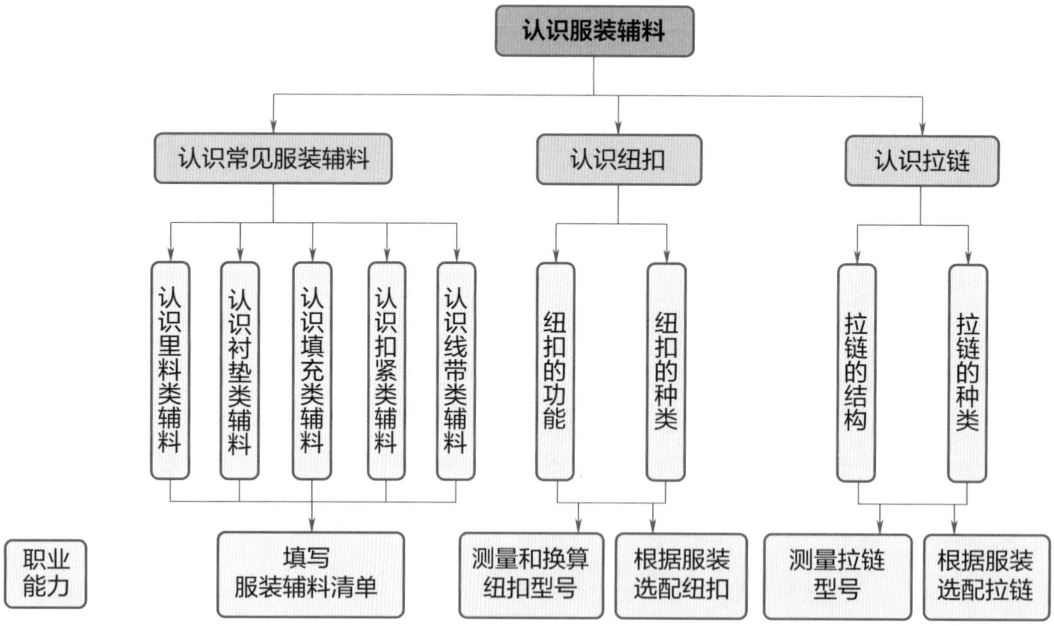

任务一

认识常见服装辅料

学习目标

明确服装与服装辅料存在整体与局部的关系，以便在服装设计与制作中更好地选用辅料，使整件服装达到最佳效果。

核心知识

服装辅料是除服装面料以外，其他所有用于制作服装的材料。服装辅料大致可分为8类，分别是里料类、衬垫类、填充类、扣紧类、线带类、装饰类、标识类、包装类等，见图3-1-1。

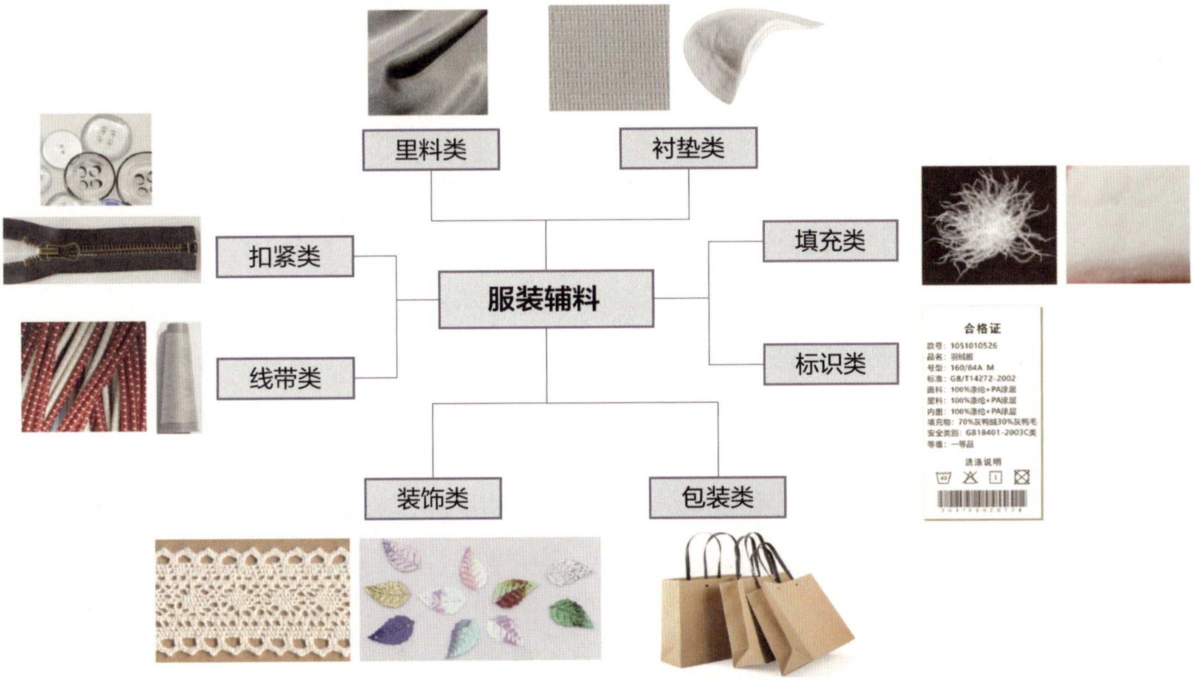

图3-1-1　服装辅料分类图示

服装辅料兼具功能性和装饰性。功能性是服装辅料的主要特性，对服装起到保形、连接等作用。随着服装行业的发展，服装辅料的装饰性越来越凸显，成为服装时尚的关键元素之一。

能力训练

一、认识里料类辅料

■ 学一学 ■

里料是指位于服装最里层的、用来部分或全部覆盖服装反面的材料，也称夹里。由于里料同样是布料，因此也可称为里布。一般春、秋、冬季呢绒服装，以及有填充类辅料的服装需配置里料。

（一）里料的作用

里料在不同类型的服装中有不同的作用。

（1）穿脱方便：一些织物表面较粗糙，使用滑爽的里料后便于穿脱服装。

（2）保暖作用：服装因附加了一层里料后，层数更多，且面里之间形成空气层，保暖性更好。

（3）保护服装作用：增加里料后，减少了内外层服装的磨损，延长了服装寿命。

（4）提高档次：里料可遮盖服装缝头与填料、衬布、袋布等辅料，使服装内部洁净美观。

（5）充当内衣：对于轻透型织物和浅色织物，里料可以充当内衣。

（6）标识宣传：部分企业采用带有本企业商标或文字的定制里料，能够起到很好的品牌宣传作用。

（二）里料的种类

1. 按里料与面料的缝合方法分类

（1）固定式：里料与面料完全缝合在一起，不能脱卸，是最常用的面里缝合方式，常用在西服、中山装、夹克衫等服装中，见图3-1-2。

（2）半固定式：除里料的下摆与面料的下摆靠线襻连接之外，其余部位均缝合在一起，一般出现在较长的服装中，如中长款风衣、大衣、连衣裙等。使用这种缝合方法能避免因面里料缩率不同而产生的服装起吊现象。

（3）半里式：只在常受到摩擦的肩背处和有衬料的前胸处配置里料，这样既能有效保护面料，又能遮挡衬料，使服装更平整、凉爽、耐用，见图3-1-3。

（4）活络式：里料与面料不缝合在一起，使用纽扣或拉链相互连接，方便拆卸与洗涤护理，同时也能做到一衣多用，符合环保理念。棉衣、登山服等常用活络式里料。

图3-1-2　固定式里料

图3-1-3　半里式里料

2. 按里料使用的原料分类

（1）棉布类：纯棉织物吸湿透气、没有静电、穿着舒适，常用于婴幼儿服装、裙装、工装外套中，缺点是不够光滑，用于上衣中时，袖子穿脱不方便。常见棉布类里料有细布（图3-1-4）、巴厘纱、色织布等。

（2）真丝类：真丝里料光滑柔软、弹性好、穿着舒适，缺点是价格较高、耐用性一般，常用于高档真丝服装、高档呢绒大衣、裘皮大衣等。常见真丝类里料有电力纺（图3-1-5）、杭纺、斜纹绸等。

图3-1-4　细布

图3-1-5　电力纺

（3）人造纤维类：人造纤维类里料虽然强度和耐磨性略差、缩水率大，但是光滑度好、吸湿透气性好、穿着舒适，是秋冬季中高档服装的常用里料。常见人造纤维类里料有富春纺（图3-1-6）、羽纱、美丽绸、醋酯绸、铜氨绸（部分企业称为“宾霸”）等。

（4）合成纤维类：合成纤维类里料有轻薄型和厚实型两种。轻薄型里料质地紧密、牢度好、表面光滑，可用作西服套装、羽绒服等服装的里料，缺点是吸湿透气性差，不能用于夏季服装。常用轻薄型合成纤维类里料有涤丝纺（图3-1-7）、春亚纺、涤纶针织布、尼丝纺等。常用厚型合成纤维类里料有驼绒、长毛绒、摇粒绒、羊羔毛等，这种里料非常厚实保暖，可用作冬季服装的里料。

图3-1-6 富春纺

图3-1-7 涤丝纺

（5）混纺类。

（三）里料的选配原则

1. 颜色要协调

里料应与面料颜色相近或比面料颜色略浅，为了设计效果，如里料要外露起装饰作用时，也可选择其他颜色。

2. 性能要协调

缩水性、耐热性、色牢度、厚度等特点要与面料协调。里料缩水率较大的，要预先缩水；里料一般应比面料薄、软；里料色牢度要好，否则容易与面料搭色。

3. 价格要协调

里料的档次应与面料相近，价格一般不超过面料。

■ 辩一辩 ■

1. 服装辅料有哪8类？

2. 里料有哪些作用？有哪些种类？哪些布料可用作服装里料？

3. 里料的选配原则有哪些？

二、认识衬垫类辅料

■ 学一学 ■

衬垫类辅料是附着在服装面料或里料上的辅料，是衬料和垫料的统称。

（一）衬料

衬料主要指衬布，能起到平挺、支撑、加固、保形和降低缝制难度的作用。衬料按厚薄，可分为厚重型衬料、中厚型衬料、轻薄型衬料等；按基布不同，可分为棉衬料、麻衬料、毛衬料、纸衬料、经编衬料、领底呢衬料等，见表3-1-1。

表3-1-1　常见热熔胶黏合衬的种类与特点

纸衬（非织造黏合衬）	经编衬	机织衬
		（正面） （反面）
基布为非织造织物，将热熔胶涂在基布上制成。生产简便、价格较低、用途很广，缺点是黏合时温度不能过高、不耐洗	基布采用经编针织物，具有轻、软、弹等优点。可用于中高档西服套装、风衣、大衣的前衣片及袖口、领面、袋盖等部位	基布采用经纬密度接近的平布，抗皱性和各方向受力稳定性较好，多用于中高档西服套装、大衣等

为提高企业生产效率，将多种材料搭配组合，开发了针对特殊部位、具有特殊用途、企业直接拿来就能用的组合衬，如挺胸衬、裤腰衬、袖山衬等，或制成细长的牵条衬，见表3-1-2。

表3-1-2　特殊用途衬料种类与特点

挺胸衬	袖山衬	裤腰衬	牵条衬
	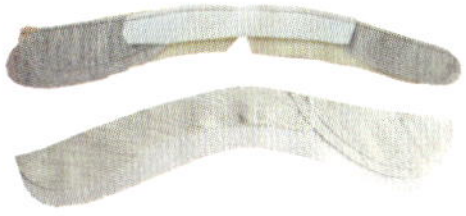		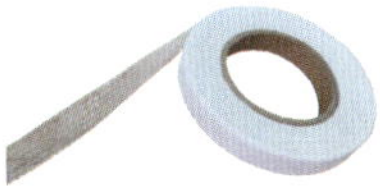
用于西服前胸，由黑炭衬、马尾衬、针刺棉等富有弹性和挺括度的衬料组合而成，使西服胸部更加饱满、美观、不易变形	用于西服套装、大衣等圆装袖的袖山部位，由黑炭衬、针刺棉和海绵等富有弹性的衬料组成，使袖山更加饱满、圆润、不易塌陷变形	用于西裤、休闲裤的裤腰内侧，有保形、防滑的作用。腰衬上的橡胶凸条有增大摩擦力的作用，能防止置于裤腰内的衬衫下摆滑出。腰衬上的印花图案与文字有品牌宣传的作用	用于外套袖窿、领圈、肩缝等易受力变形的部位，有牵制、固定和防脱散的作用。常见宽度有1 cm、1.5 cm、2 cm等，还有直条和斜条之分

（二）垫料

按使用部位不同，垫料可分为垫肩、胸垫等，能起到美观、平整、修饰的作用，制作材料有针刺棉、海绵、泡沫塑料等，见表3-1-3。

表3-1-3　垫料的材料与特点（以垫肩为例）

针刺棉垫肩	海绵垫肩
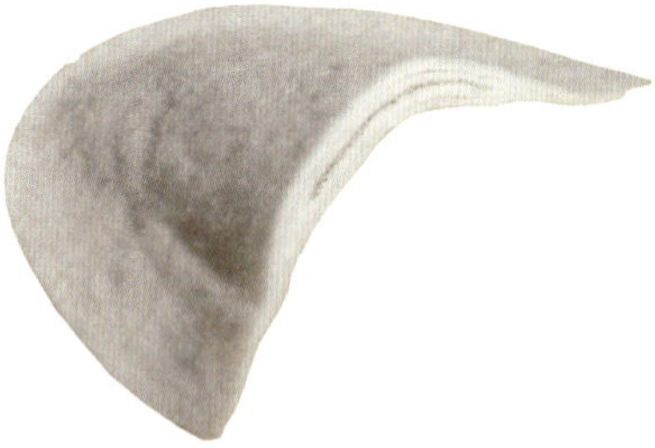	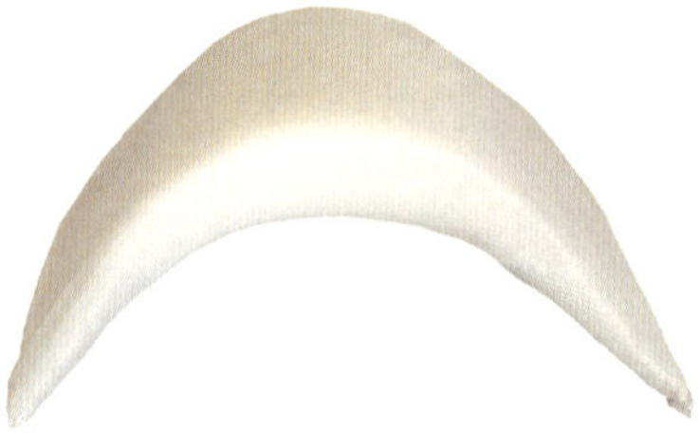
用于西服套装、风衣、大衣等有里料夹服的肩部。由多层针刺棉、中间夹一片黑炭衬制成，弹性和保形性较好，可以直接缝制	一般包覆针织物后用于女衬衫、羊毛衫等服装上，也可用尼龙搭襻或按扣固定，便于脱卸与更换

■ 辩一辩 ■

1. 服装衬垫类辅料有哪两大类?

2. 服装衬料的作用和品种有哪些? 服装垫料的功能和品种有哪些?

三、认识填充类辅料

■ 学一学 ■

填充类辅料简称填料，指填充在服装面料和里料之间的服装材料，主要起到保温作用，也有塑形的效果。随着材料科学的研究深入与快速发展，填料的功能越来越广、性能越来越好。根据填料的形态，可分为絮类和材类两种。

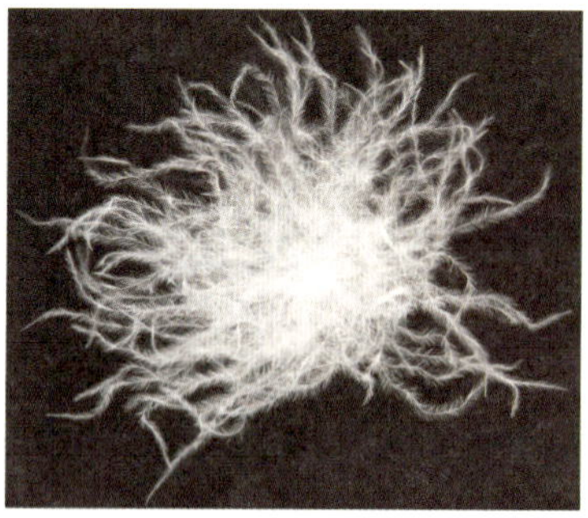

图3-1-8　羽绒

（一）絮类

无固定形状的填充材料，如棉絮、丝绵、驼毛、羽绒（图3-1-8）等。

（二）材类

经过加工处理制成的平面状蓬松型填充材料，如中空棉、腈纶棉（图3-1-9）等。

图3-1-9　腈纶棉

不流动的空气是最好的保温材料，因此评价填料优劣的标准之一，是能否保持蓬松的状态。例如，棉花的弹性差、吸水性好，在使用过程中容易板结、变潮，是中低档保温材料。而质轻蓬松的鸭绒、鹅绒越来越成为人们喜爱的防寒保暖材料。

部分羽绒服会用到胆料。胆料是用于包裹羽绒的致密轻薄型涂层织物，可以起到防止钻绒的作用。

■ 辩一辩 ■

1. 服装填充类辅料主要有什么作用？有哪两种？

2. 絮类填充辅料有哪些品种？材类填充辅料有哪些品种？如何区分两者？

四、认识扣紧类辅料

■ 学一学 ■

扣紧类辅料的种类较杂，有纽扣、拉链、尼龙搭襻、弹簧绳扣、插扣、气眼等，材质也是最杂的，有金属、纺织品、树脂、竹木、贝壳、皮革、玻璃等。

（一）钩、环、襻

钩是装在服装经常开合处且不宜钉纽扣部位的连接型辅料，如领钩（也可用在内衣、裙腰等处）、裤钩（主要用于西裤）等，见图3-1-10。

(a) 领钩　　(b) 裤钩

图3-1-10

环可用于调节服装领口、袖口、腰部等处的围度，并具有装饰作用的辅料，见图3-1-11。

襻是起到连接作用的辅料，弹簧绳扣是起到收紧作用的辅料，两者均常用于风衣、运动服、登山服、背带裤等休闲运动型服装，见图3-1-12。

图3-1-11　日字环

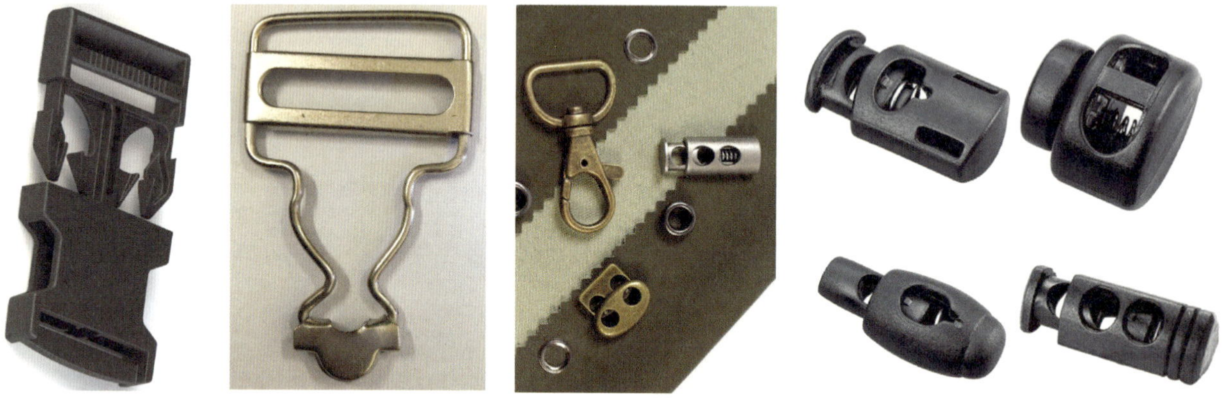

图3-1-12　各种形式的襻和弹簧绳扣

（二）尼龙搭襻

尼龙搭襻也称为魔术贴，或阴阳搭、子母扣等，由两面组成：一面布满略有硬度的小钩，另一面布满细软的小毛圈，见图3-1-13。两面相对时，小钩勾紧小毛圈。揭起其中一面，富有弹性的小钩被拉直，从小毛圈上松掉而揭开，小钩迅速恢复原状。优质的尼龙搭襻可反复开合万次以上，使用方便、搭合紧密，沿直线方向基本不能拉开，常使用在沙发套、箱包、医疗用器械上，缺点是洗涤时易勾住织物，导致织物表面起毛甚至破损。

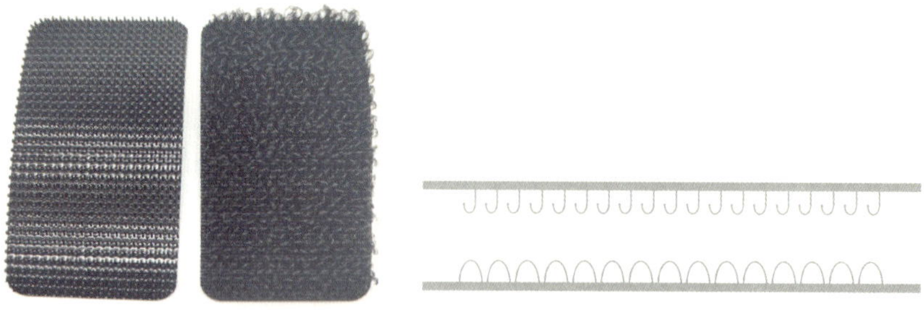

钩面　圈面　示意图

图3-1-13　尼龙搭襻

■ 辩一辩 ■

1. 常见的扣紧类辅料有哪些？

2. 尼龙搭襻的优缺点分别是什么？

五、认识线带类辅料

■ 学一学 ■

线带类辅料是指用于连接服装衣片及用于装饰、连接、编结等的细长类材料，主要指缝纫线，还有松紧带、绳带等。

（一）缝纫线

1. 缝纫线的种类

服装必须使用合适且优质的缝纫线，才能获得理想的成品质量。缝纫线有多种型号，如202、403、602、603等，前两位数字（20、40、60等）指组成缝纫线的纱的英支数；第三位数字（2、3）指该缝纫线是由几股纱捻合而成。例如，603是由3股60英支纱捻合而成。缝纫线常见型号的用途见表3-1-4。

表3-1-4　缝纫线常见型号的用途

缝纫线型号	缝纫线粗细	用途
402	$40^s/2$	最常用，锁边机、绷缝机等都可使用，常用于制作棉、麻、涤纶类厚薄适中的服装服饰品
603	$60^s/3$	粗细与$40^s/2$相同，用途相似，但比$40^s/2$更细腻、高档
202	$20^s/2$	常用于厚型服装服饰品，如牛仔服、帐篷、鞋靴、帽子、皮革等
602	$60^s/2$	常用于薄型、超薄型服装等

按构成原料分类，缝纫线大致可分为纯棉缝纫线、化纤缝纫线、涤棉缝纫线等。各种原料的缝纫线优缺点及用途见表3-1-5。

表3-1-5　各种原料的缝纫线优缺点及用途

缝纫线种类	优缺点	用途
普通棉缝纫线	拉伸强度差、表面不光洁	手缝、打线丁等
棉丝光缝纫线	强度一般、耐热性好、较光洁、弹性和耐磨性较差	纯棉织物、需高温熨烫的织物
丝缝纫线	光泽、强度、弹性均较好，价格较高	高档丝绸服装、高档呢绒服装、高档毛皮或皮革服装

续表

缝纫线种类	优缺点	用途
涤纶缝纫线	由涤纶短纤维组成，条干均匀、表面光洁、强度较大、不会缩水、价格低廉，缺点是熔点低，高速缝制时易断线，高温熨烫时易收缩	最普及，使用范围最广
锦纶缝纫线	弹性好、耐磨性好	针织内衣、手套、箱包
涤棉缝纫线	综合纯棉缝纫线与涤纶缝纫线的优点	适合大部分织物，尤其是厚型棉织物，适合高速缝合
涤纶高强缝纫线	外观光亮、强度高	鞋子、皮革、扣眼等

2. 缝纫线的选用原则

（1）与织物的特性相适应：缝纫线的粗细应取决于织物的厚度和密度；缝纫线的弹性应与织物的弹性相接近，防止服装拉伸时缝纫线被拉断。反之，若缝纫线缩率大于织物，容易导致外观皱缩；缝纫线耐热性低于织物，容易导致高温熨烫时缝纫线熔融。

（2）与织物的色泽相接近：除装饰线外，应尽量选用相近色，且宜深不宜浅。

（3）与织物的质量价格相统一：高档服装用质量优、价格高的缝纫线，中、低档服装用价格适中的缝纫线。

（4）与线迹形态相协调：服装不同部位所用线迹不同，缝纫线也应随其改变，如包缝需用捻度较小的线，绷缝应选择延伸性大的线，缝合裆缝、侧缝应使用强度略大的线，而扣眼线则需耐磨性好。

（二）松紧带

松紧带，又称松紧，是一种具有弹性的服装辅料，见图3-1-14。松紧带的规格很多，最细的松紧带可以在缝纫时直接当作底线使用；圆松紧带可用于家居服、运动服等；扁松紧带有多种宽度，分别适合不同的服装款式要求。如0.3 ~ 0.8 cm适用于领口、袖口、衣身等处，形成有弹性的细褶效果；1 ~ 4.5 cm适用于裙腰、裤腰等处；超宽松紧带适用于医疗、运动服装。

（三）绳带

绳带没有弹性，有紧固和装饰的作用，见图3-1-15，在运动服装、卫衣、登山服等服装中使用较多。使用绳带尤其要注重安全性，例如，婴幼儿上衣的风帽和颈部不允许使用绳带；大童和青少年风帽拉紧至合身尺寸时，外露的绳带总长不超过15 cm；童装腰部和下摆处摊平后露出的绳带每根长度不超过7.5 cm。

(a) 可作为底线使用的细松紧带

(b) 较粗圆松紧带，用于家居服裤腰、袖口等

(c) 较细圆松紧带，用于运动服装和风衣的帽檐、下摆等

(d) 各种宽度的扁松紧带

(e) 装饰型宽松紧带

(f) 超宽松紧带

(g) 调节型松紧带

图3-1-14　松紧带的种类与作用

图3-1-15　绳带

■ 辩一辩 ■

1. 如何表示缝纫线的型号？

2. 缝纫线的选用原则有哪些？

■ 练一练 ■

1. 以图3-1-16所示大衣为例，分析该款大衣中包含的辅料种类和名称，并填入表3-1-6。

图3-1-16　女大衣

表3-1-6　女大衣辅料清单

序号	辅料名称	所属辅料种类	作用
例	纺锤形金属扣	扣紧类	连接、扣紧
1			
2			
3			
4			
5			
6			

2. 自选一件服装，模仿表3-1-6，分析该服装中包含的辅料名称和种类及辅料的作用，并填写表3-1-7。

表3-1-7　服装辅料清单

服装款式图/照片	辅料名称	所属辅料种类	作用

学习评价

请根据表3-1-8所示评价内容对本任务进行自评。

表3-1-8　评价表

时间	评价内容	是/否
课前	准备充分	
课中	1. 认真思考，积极发表意见	
	2. 了解服装辅料的8种类别	
	3. 了解里料的作用和选用原则	
	4. 了解衬布、缝纫线的选用原则	
课后	保质保量，按时完成作业	

任务二

认识纽扣

学习目标

了解纽扣的种类，掌握纽扣的选配技巧。

核心知识

人类使用纽扣的历史悠久。如今，纽扣品种繁多、花色层出不穷。作为一种重要的服装辅料，纽扣被广泛应用在各式服装中，是服装中不可缺少的一部分。了解纽扣有利于更好地使用纽扣，使其发挥出更大的作用。

能力训练

一、认识纽扣种类

■ 学一学 ■

（一）纽扣的功能

纽扣是指衣服上用来扣合的球状或片状小物件，属于扣紧类辅料。最初，纽扣仅用于服装连结与闭合，在演变过程中逐渐具有多样化的装饰功能，有时装饰功能甚至超过实用功能。现代服装设计师将纽扣的功能性和装饰性有机结合，在保持纽扣闭合功能的前提下，充分发挥其装饰功能。

（二）纽扣的种类

纽扣的外形千姿百态，其分类方法很多，通常可以按形态、材质、型号等分类。

1. 纽扣的形态

按形态分，纽扣可分为有眼纽扣、有脚纽扣、按扣、拷扣等，见图3-2-1。衬衫一般使用两眼或四眼纽扣；西服使用有眼或有脚纽扣；大衣、风衣除可使用有眼或有脚纽扣外，还可使用装饰感强的牛角扣；童装可以使用扣合方便、不易脱落的按扣；中式服装多使用布制盘扣；牛仔类、休闲类服装一般使用牢固的金属拷扣。

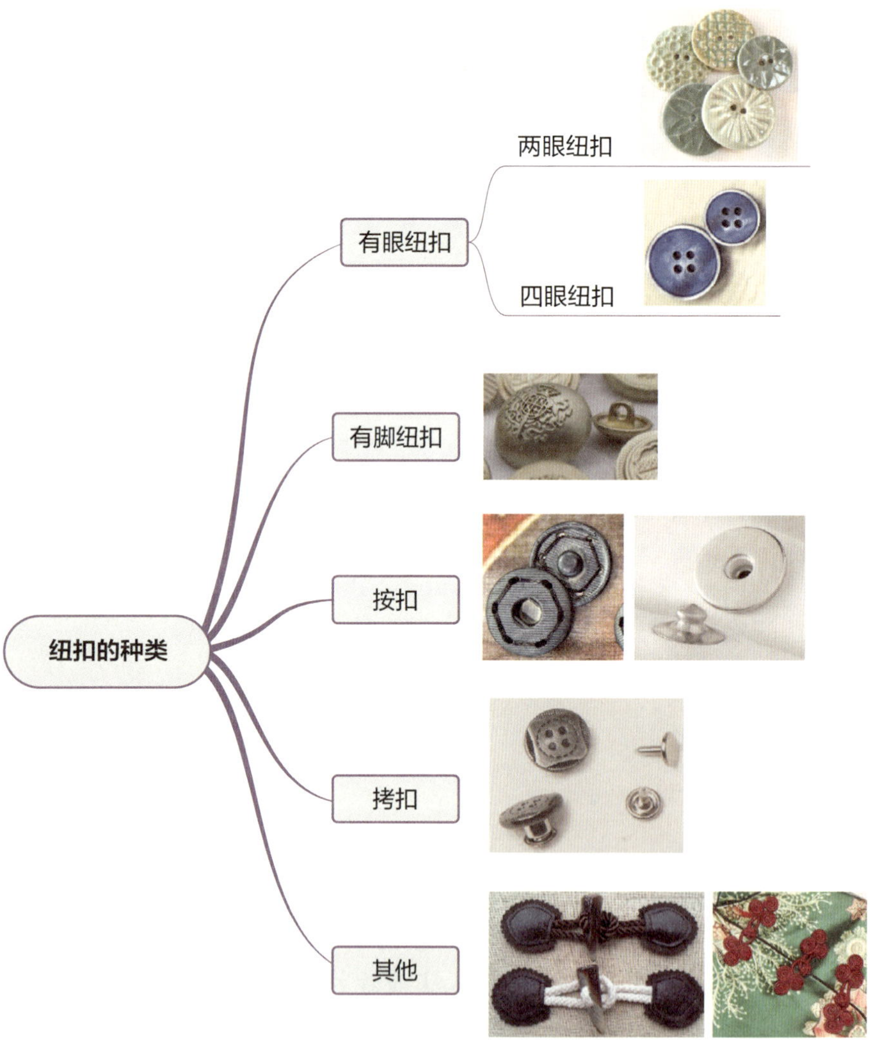

图3-2-1　按形态分类

2. 纽扣的材质

纽扣的材质有金属、纺织品、树脂、竹木、贝壳、皮革、玻璃等，见图3-2-2。其中，有眼纽扣通常使用金属、树脂、贝壳等材质，有脚纽扣通常使用金属、树脂或树脂+纺织品（布包扣）材质，按扣和拷扣通常使用金属材质。

(a) 金属纽扣　　(b) 树脂纽扣　　(c) 布包扣

图3-2-2　按材质分类

■ 辩一辩 ■

1. 纽扣的功能有哪些？

2. 纽扣的分类有哪些？

二、测量和换算纽扣型号

■ 学一学 ■

圆形纽扣的大小以直径来衡量，常用的单位不是cm或mm，而是专用的国际通用度量单位：L（莱尼，读莱或莱尼），即纽扣的型号。纽扣型号（L）与纽扣直径（mm）的换算公式是：

$$直径=型号\times 0.635，$$

$$型号=直径/0.635。$$

按直径分有10 L、12 L、14 L……54 L等型号。例如，衬衫常用的纽扣为18 L或20 L，外套常用的纽扣为34 L或36 L，大衣常用的纽扣为44 ~ 50 L，大衣垫扣常用的纽扣为12 L或14 L。

■ 练一练 ■

1. 实验设备：直尺。

2. 实验材料：各种圆形纽扣，包括有脚纽扣、有眼纽扣、拷扣、按扣等。

3. 实验操作步骤：

（1）使用直尺测量纽扣的直径；

（2）按公式“型号=直径/0.635”，将测得的直径数值换算成型号数值；

（3）取近似数，为纽扣型号。

例：测得一纽扣的直径为28 mm，问其型号是多少？

28 mm/0.635≈44.09≈44 L

三、根据服装选配纽扣

■ 学一学 ■

服装纽扣看似微不足道，但能直接影响服装的舒适性和美观性。如选配得当，还对服装有锦上添花的作用。选配纽扣要考虑材质、颜色、重量、价格、性能等与织物的匹配度，力求与服装整体风格协调。选择适合服装的纽扣是一项需要认真对待的任务。一般说来可遵循如下规则。

（1）纽扣的颜色要与织物的颜色统一协调或与主色调呼应。

（2）纽扣的造型要与服装的款式、风格相协调。

（3）纽扣的大小、重量要与织物的厚度相配。

（4）纽扣的耐热、耐洗涤等性能要与织物的相关性能一致。

（5）耐用型的服装要使用耐用性的纽扣。

（6）同一套服装中用扣要统一且大小有序。

（7）婴幼儿服装上多用薄型按扣且不易脱落。

（8）西服、大衣等服装的纽扣不能溶于干洗剂。

■ 辩一辩 ■

纽扣选配技巧有哪些？

■ 练一练 ■

根据服装品类，选配纽扣型号，填入表3-2-1（除规定品种外，另选三种服装或纺织品）。

表3-2-1 纽扣选配推荐表

服装品类	纽扣型号	纽扣种类	纽扣材质
例，衬衫	14 L、16 L	有眼纽扣、有脚纽扣	树脂、贝壳
西裤			

续表

服装品类	纽扣型号	纽扣种类	纽扣材质

学习评价

请根据表3-2-2所示评价内容对本任务进行自评。

表3-2-2　评价表

时间	评价内容	是/否
课前	准备充分	
课中	1. 认真思考，积极发表意见	
	2. 了解纽扣的功能和种类	
	3. 掌握圆形纽扣直径与型号的换算方法	
	4. 了解纽扣与服装匹配的要点	
课后	保质保量，按时完成作业	

服材拓知

为什么是“纽”“扣”

关于纽扣的历史起源，人们的观点不一，但据中国古代典籍中关于“纽”和“扣”的文字记载可知，“纽”是指可以扣合衣物的球状物、片状物或其他形状的东西；“扣”是指用圈、环等套住。通过“纽”和“扣”两个部件的配合作用，达到系合衣物的目的。“纽”的材质有多种，起初多以布条编结而成，因此“纽”字从“系”部。

唐装和旗袍等中式服装上的纽扣都使用布料制作，主体由一个纽头（纽）和一个纽襻（扣）组成，两边可添加各种装饰花纹，见图3-2-3。“纽头”俗称为葡萄纽，同学们可以到网上搜索制作葡萄纽的教程，并动手做一做。

图3-2-3　盘扣

任务三

认识拉链

学习目标

了解拉链的种类，掌握拉链的选配技巧。

核心知识

拉链是依靠连续排列的链牙，使物体可以重复拉合或分离的连接件，是服装中最重要的扣紧类辅料之一。拉链使用方便、密闭性好、加工工艺较简单，因而被广泛使用，成为现代快节奏生活的必需品。

能力训练

一、认识拉链的结构和种类

■ 学一学 ■

（一）拉链的结构

拉链主体结构由链牙、拉链头和链布带组成，除此之外还有上止、下止等辅助结构。链牙和链布带直接决定拉链的外观和强度；拉链头夹持两侧链牙，在滑动中使两侧的链牙相互啮合或脱开；上止和下止可防止拉链头脱落，见图3-3-1。

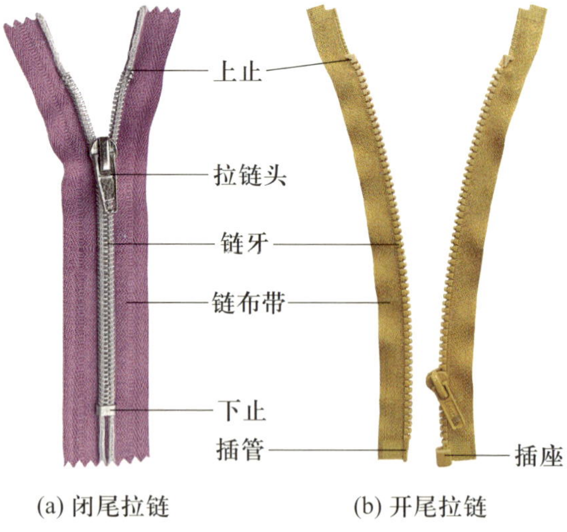

图3-3-1　拉链的结构

（二）拉链的种类

拉链的种类很多，一般按拉链的结构形态和构成链牙的材料分类。拉链还分不同号数。

1. 拉链的结构形态（图3-3-2）

（1）闭尾拉链包括单头闭尾拉链、双头闭尾拉链。

① 单头闭尾拉链：下止固定不能分开，只能从上止拉开。适用于裙腰、裤腰、上衣领口的开口处或鞋靴等。隐形拉链也可属于单头闭尾拉链，但是一种较为特殊的拉链形态，链牙很细，闭合后从正面看不到链牙，与服装浑然一体，见图3-3-3。常用于半身裙、连衣裙、礼服裙、无开襟上衣等服装的侧腰部或后中。

② 双头闭尾拉链：上、下止均不能分开。适用于休闲服装口袋、箱包等。

（2）开尾拉链包括单头开尾拉链、双头开尾拉链和可脱卸式双头开尾拉链。

① 单头开尾拉链：链布带有上止，下止改为锁紧件。锁紧件锁合时相当于闭尾拉链，把拉链头拉至锁紧件处，将锁紧件分开，链布带即可完全分开。有左插右拉和右插左拉之分。适用于前襟全开的上装门襟或可拆卸里料、可拆卸帽子的服装。

② 双头开尾拉链：有两个拉头。适用于睡袋、帐篷、雨衣等。

③ 可脱卸式双头开尾拉链：有两个拉头，可从任意一端打开或闭合。将两个拉头都拉到下端能使两边完全分开。适用于长款风衣、大衣、羽绒服等，或大型袋子、卧具、帐篷等。

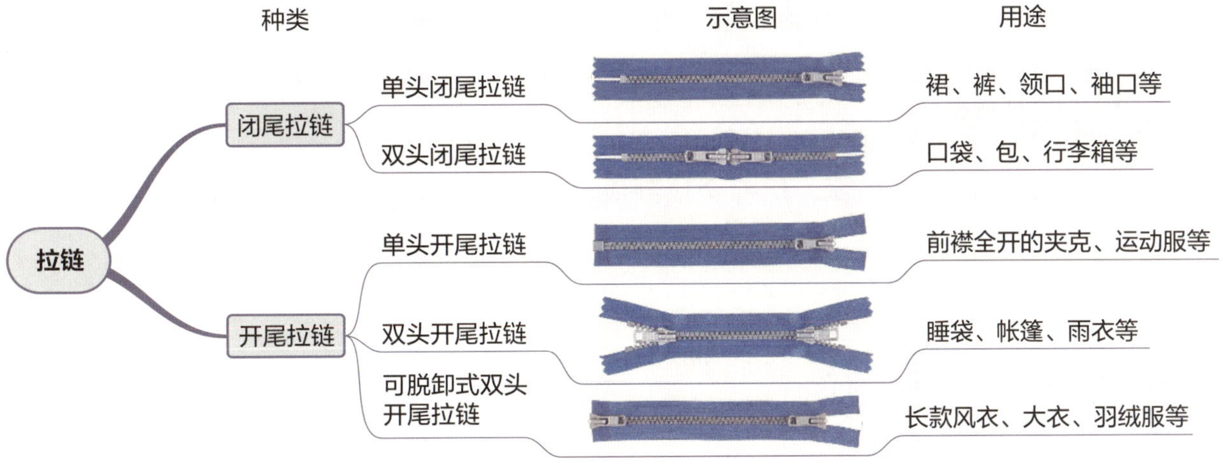

图3-3-2　拉链的结构形态分类

(a) 正面　　(b) 反面　　(c) 安装效果

图3-3-3　隐形拉链

2. 链牙的材质

（1）尼龙拉链：采用尼龙丝为原料，将线圈状的链牙织在链布带上，具有轻巧耐磨、色泽丰富等优点，见图3-3-4（a）。尼龙拉链主要应用于质地轻薄的童装、连衣裙、西裤等服装。

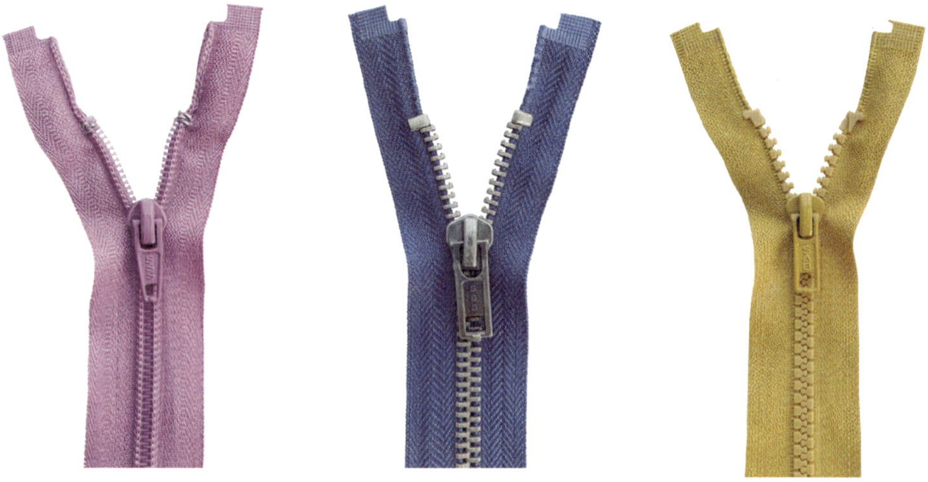

(a) 尼龙拉链　　(b) 金属拉链　　(c) 树脂拉链

图3-3-4　链牙的材质

（2）金属拉链：链牙由铜、铝等金属制成，具有经久耐用、装饰性强的特点，见图3-3-4（b）。相对于铝拉链，铜拉链更重、风格更粗犷。金属拉链的缺点是链牙较易脱落或移位，价格较高。主要应用于中高档夹克、牛仔服、皮衣等服装中。

（3）树脂拉链：具有坚韧、耐磨、抗腐蚀、色彩丰富、链牙不易脱落、价廉物美等优点，链牙颗粒较大、装饰感强，见图3-3-4（c）。主要应用于质地厚实的针织运动服、工作服、羽绒服服装中。双面拉链头通常用于树脂拉链中，可用于制作两面可穿外衣，见图3-3-5。

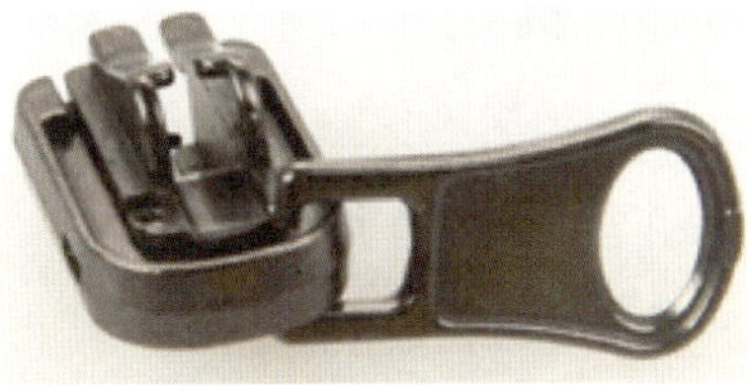

图3-3-5　双面拉链头

■ 辩一辩 ■

1. 拉链的主体由哪几部分组成？
2. 按结构形态拉链可分为哪几种？

二、测量拉链型号

■ 学一学 ■

拉链的号数指链牙的宽度。链牙闭合后的宽度数值即为拉链的号数，如常见的拉链有3号、5号、7号、8号、10号、15号等。号数越大，链牙越厚、粗，扣紧力越大，链布带也越厚。

■ 练一练 ■

方法1：大多数拉链头背面的数字即拉链型号，见图3-3-6。但当拉链头无标记或者标记为其他意义时，本方法不适用。

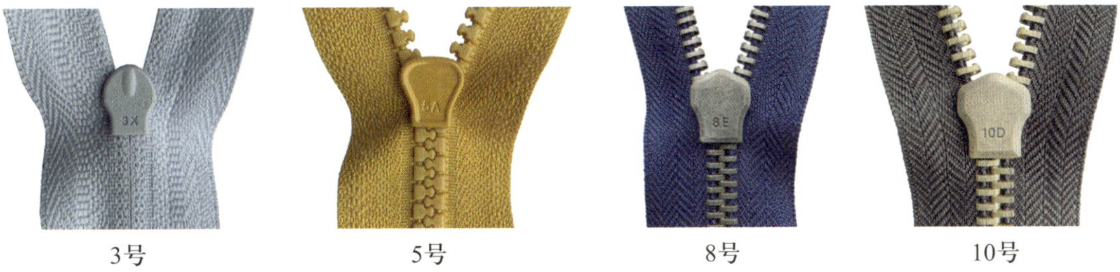

图3-3-6　拉链型号

方法2：将拉链两端拉合，水平放置，用直尺测量链牙的宽度，即为拉链号数，见图3-3-7。

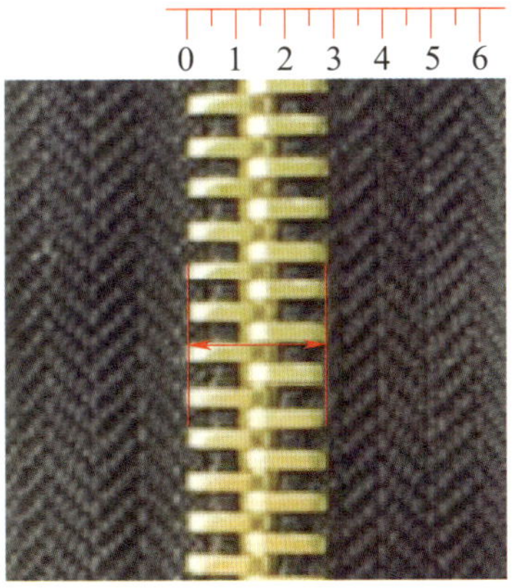

图3-3-7　拉链号数测量

三、根据服装选配拉链

■ 学一学 ■

拉链的品种、规格、色彩、功能丰富，应用广泛。作为服装的重要辅料，拉链的选配要注意以下规则：

（1）要注意拉链的质量，尤其是拉链开合的手感和链牙的啮合情况。

（2）拉链的材料，包括拉链布带及其他部件的材质，要与服装的功能和面料的特性相配。

（3）除非有特殊要求，一般拉链的颜色（包括布带与链牙）要与服装面料颜色相同、相近或相协调。金属拉链可保持金属的原有风格，而链布带需要与面料相配。

（4）拉链规格的选择要根据所用的部位及其受力情况而定，如袋口、袖口处的拉链应选择号数小一点的。

（5）拉链的重量与软硬要与面料相适应，尼龙拉链轻巧的特点满足了服装面料薄型化的要求，金属拉链质量较大，多用于厚重的中、重磅牛仔服装。

（6）拉链的耐用性要与面料相适应，需高温处理的服装适宜用金属拉链，常水洗的服装最好不用金属拉链。

■ 辩一辩 ■

1. 拉链型号识别的两种方法分别是什么？

2. 拉链选配注意事项有哪些？

■ 练一练 ■

根据服装特点选配拉链，填入表3-3-1（除规定品种外，另选三种服装或纺织品）。

表3-3-1　拉链选配表

服装品种	拉链特点	拉链型号	拉链材质	拉链种类
例，西裤	耐用、轻软	5号	尼龙	单头闭尾
牛仔裤				
长款羽绒服				
被套				

学习评价

请根据表3-3-2所示评价内容对本任务进行自评。

表3-3-2　评价表

时间	评价内容	是/否
课前	准备充分	
课中	1. 认真思考，积极发表意见	
	2. 了解拉链的作用、主体结构、常见种类	
	3. 掌握拉链号数的测量方法和拉链的选配方法	
课后	保质保量，按时完成作业	

模块二

服装材料运用实践

在所有纤维中，棉、麻、丝、毛四种天然纤维和化学纤维中的黏胶、涤纶、锦纶、腈纶等都是使用量非常大的纤维，常用的服装面料均由这些纤维织造。认识常用服装面料；掌握它们的性能特点，如厚度、光泽、悬垂性、弹性等；能正确合理地使用它们，并能配以适合的辅料，是学习服装材料的基本任务。

当然，每种面料和辅料的性能不尽相同，各有所长，也各有所短。优秀的设计师能把服装材料的优点发挥到最大，让其风格在服装中得以充分展示，同时赋予面料新的生命力。根据服装材料的特点，优秀的制版师能提前对样板做优化处理；优秀的工艺师能制订合理的裁剪、缝制、熨烫等工艺方案。另外，消费者同样需要了解服装材料，选择正确的服装洗涤方法和收纳方法，以保持服装原有形态、光泽，延长服装使用寿命。

项目四 | 服装面辅料运用实践

项目导言

服装都是由服装面料与服装辅料制作而成的。服装依托材料进行展示。材料又赋予服装以新的生命，因此服装与材料密不可分。如何根据已有的服装款式，选择适合的服装面料和服装辅料，并采用相应的制版工艺方法，是服装专业学生将来重要的工作任务之一。

本项目包括六个学习任务，分别是认识棉型面料常见品种及其运用、认识麻型面料常见品种及其运用、认识丝型面料常见品种及其运用、认识毛型面料常见品种及其运用、认识化纤面料常见品种及其运用、认识针织面料常见品种及其运用。在每个学习任务中，均以常见的、典型的服装品类为例，完成对应的面辅料选配实践活动。

思维导图

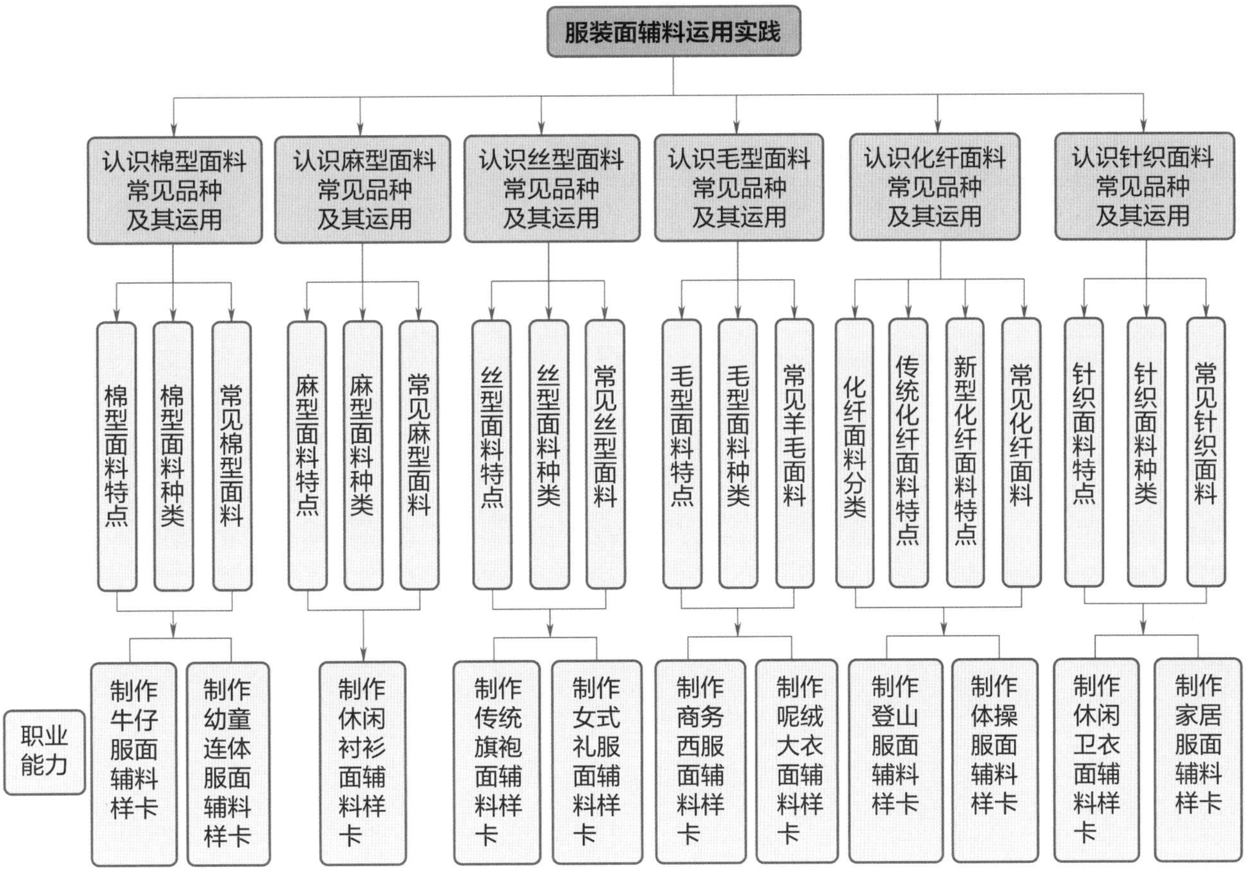

任务一

认识棉型面料常见品种及其运用

学习目标

通过收集各种棉型面料，了解棉型面料的风格特点和常见品种；能根据牛仔服、幼儿连体服的特点选配面辅材料，制作面辅料选配样卡。

核心知识

在棉、麻、丝、毛四大天然纤维中，棉纤维往往被放在首位，这源于其有着青春和朴实的风格，常用且亲民。棉纤维为服装业提供了品种丰富、风格多样的高、中、低档衣料。纯棉服装以其柔软、透气、舒适的手感和平和闲适的观感备受设计师和消费者的青睐。

制作服装面辅料样卡，应明确样卡包括以下必备内容：成衣照片或款式图、款式描述与风格特点介绍（可包括穿着季节、场合、年龄等），选配的面料名称和成分、组织参数等，选配的辅料种类、规格。面辅料的选配必须结合服装设计意图、成衣品类与风格特点。例如，牛仔服装选择面辅料时必须考虑面料特有的粗犷风格，婴幼童服装选择面辅料时必须首先保障其舒适性和安全性。

能力训练

一、认识棉型面料常见品种

■ 学一学 ■

（一）棉型面料特点

棉型面料是由棉纤维纯纺，或与其他仿棉型纤维混纺、交织而成的。仿棉型纤维有涤纶、黏胶、维纶、富强、天丝等的短纤维。纯棉面料主要有以下特点。

（1）吸湿透气性好，穿着柔软舒适。

（2）风格朴实，经济实惠，且耐洗耐穿。

（3）弹性较差，易褶皱。

（4）缩水率较大，一般为4% ~ 6%。

（5）穿着时不会产生静电，不会起毛起球。

（6）耐碱不耐酸，能够被酸腐蚀，经碱液处理能产生丝光效果。

（7）耐虫蛀，不耐霉菌，在潮湿环境下容易发霉。

（二）棉型面料种类

棉型面料的种类很多，见图4-1-1。按纱线加工程度的不同，棉型面料可分为普梳面料和精梳面料；按纱线结构的不同，棉型面料可分为纱织物、线织物和半线织物；按商业经营管理习惯，棉型面料可分为原色布、漂白布、色布、印花布、色织布等；按组织形式，棉型面料可分为平纹布、斜纹布、缎纹布、绉布、网眼布、提花布等。

(a) 印花

(b) 提花

(c) 绣花

(d) 剪花

(e) 色织/起绉

(f) 色织/提花

图4-1-1　棉型面料示例

（三）常见棉型面料

根据不同设计风格和体感需求，棉型面料可分为轻薄透气类（表4-1-1）、厚实挺括类（表4-1-2）等。常见的轻薄透气类面料有细布、府绸、绉布、泡泡纱等，一般可制作衬衫、连衣裙、睡衣等贴身衣物；常见的厚实挺括类面料有贡缎、卡其、线呢、牛仔布等，一般用于制作外套、休闲裤等。

表4-1-1　轻薄透气类棉型面料

巴厘纱

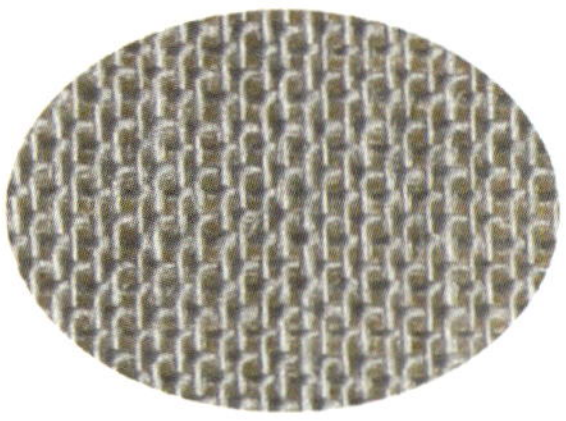

用强捻精梳细棉纱织制的轻薄半透明的平纹面料，质地稀薄、布孔清晰，又称玻璃纱。面料挺爽透气、弹性好，适合制作夏季裙装、衬衫、衬裙等

细布

又称细平布，质地轻薄细腻、布面匀净杂质少，手感平滑、外观细洁、光泽自然。可用于制作男女衬衫、裙装等，也可制作床上用品、手帕、衬布或加工成绣花布等

府绸

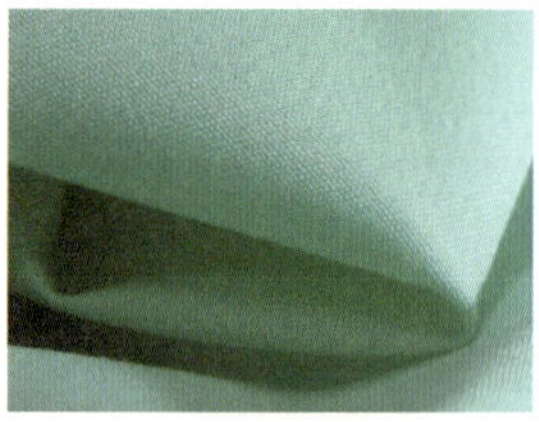

高支高密的平纹面料，布面细腻、织纹清晰，外观光泽，富有丝绸感，手感平挺滑爽。面料经密大于纬密，接近2 ∶ 1，表面呈现由经纱构成的饱满的菱形颗粒。适合制作衬衫、裙装、睡衣裤、手帕等

麻纱

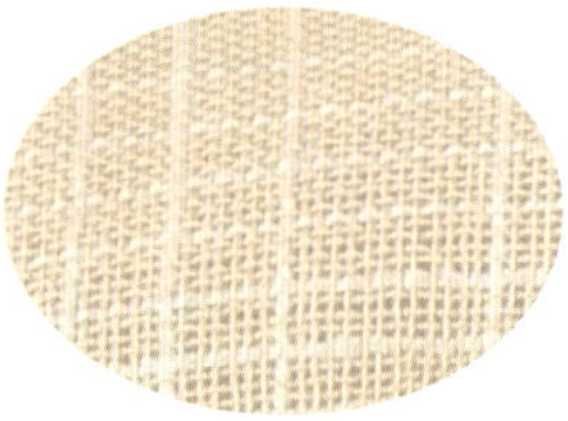

由捻度较大的棉纱织成，具有麻布的风格，布面有明显宽窄不同的细直条纹路，密度较小、布孔清晰、质地轻薄、挺括透气、穿着舒适。适合制作夏季男女服装

泡泡纱

布面有明显凹凸泡状起伏，质地轻薄、穿着凉爽不贴身，缺点是泡泡易平服。适合制作夏季女装和童装等。泡泡形成方式主要有两种：① 利用不同经纱张力织造，但泡泡只能形成条状花纹；② 利用棉的碱缩特性处理，泡泡分布不受限制

牛津纺

也称牛津布，由两根细支有色经纱和一根较粗白色纬纱，采用平纹组织交织而成，色泽柔和、风格文雅，常用于制作男女衬衫

续表

斜纹布（细）	绉布	灯芯绒（细条）
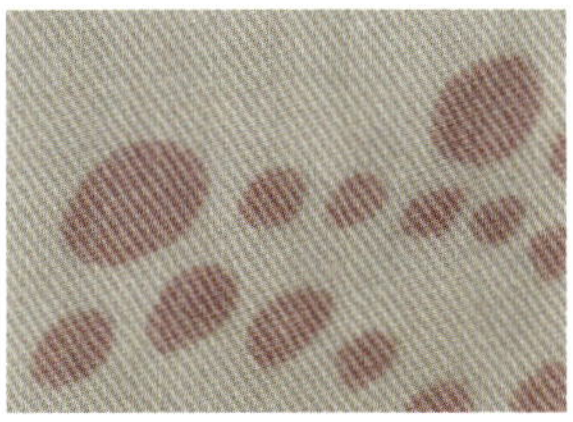 	 	 
面料正面斜纹纹路明显、斜纹倾角约50°，反面模糊不清，布面光洁细腻，质地松软。加工成大花斜纹布可用于制作被套床单等床上用品，加工成小花斜纹布可用于制作童装、衬衫、家居服等	采用强捻纬纱织造，布面有纵向绉纹，且立体感非常明显，质地轻薄飘逸、绉纹自然持久富有弹性，手感柔软、穿着舒适。适于做各式衬衫、裙装、睡衣裤、儿童衫裙等	表面有圆直、丰满的绒条，9 ~ 19条为细条灯芯绒，20条以上为特细条灯芯绒，细条和特细条灯芯绒质地轻薄细腻、抗皱性较好。适合制作春秋季男女休闲衬衫或春秋季童装

表4-1-2　厚实类棉型面料

斜纹布（粗）	贡缎	灯芯绒（粗条）
 	 	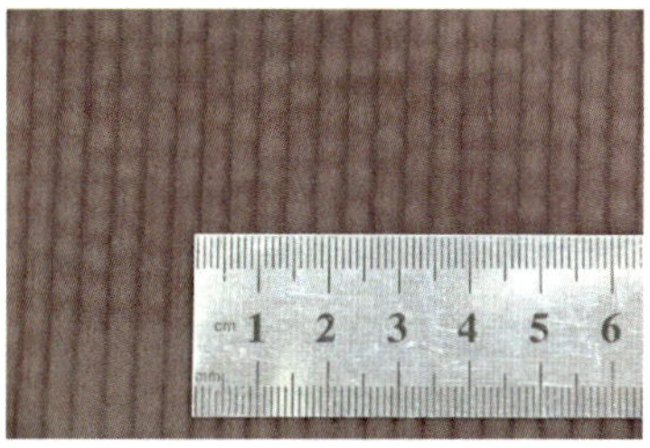 
组织结构与细斜纹布相同，区别在于粗斜纹布的纱线较粗、密度较大、纹路粗壮、质地厚实、抗皱性好。适合制作休闲裤、工作服、夹克衫等	棉面料中最细密精致、最高档的品种之一。采用缎纹组织织造而成，面料手感柔软细腻、质地较厚实、正面光泽感强，弹性和抗皱性较好。适合制作高档男女衬衫、裙装、睡衣裤和高档床上用品等	每25 mm绒条数小于6条为阔条灯芯绒，6 ~ 8条为粗条灯芯绒。阔条和粗条灯芯绒风格粗犷质朴、耐磨性好、手感丰满厚实。适合制作外套、休闲裤、鞋帽等

续表

牛仔布	卡其	线呢
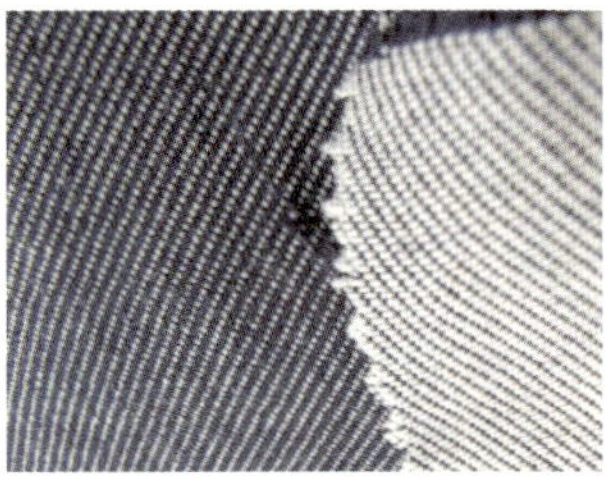  	  	 
又名劳动布，是一种质地厚实紧密、坚牢耐磨、风格粗犷的色织斜纹面料。通常经纱为有色纱，纬纱为白纱，正反面颜色差别较大。主要用于制作各类牛仔服饰，如牛仔裤、牛仔衫、牛仔背心、牛仔包袋、牛仔鞋帽等	是密度最大的一种棉斜纹面料。正面斜纹清晰、立体感强，斜纹角度约70°，布面光洁、质地厚实、挺括耐穿。由于经密过大，染色时染料不易渗透，穿着过程中容易出现“磨白”现象。常用于制作男女休闲裤、工作服、夹克、风衣等	色织斜纹棉布的主要品种，以染色股线作为经纬纱。利用各种不同颜色、组织变化，可设计出多种色彩、花型的面料，并具有仿毛风格。主要用于制作春秋女衬衫、外衣或裤装
帆布	**平绒**	**绒布**
 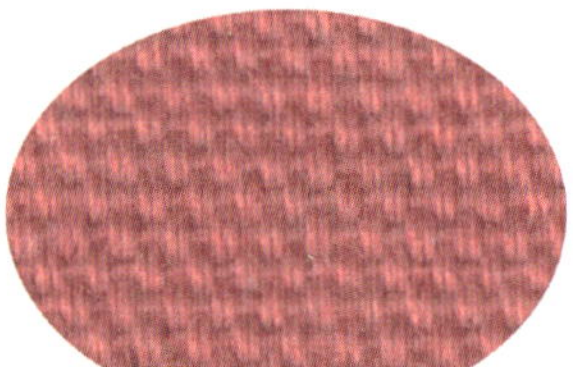		 
经纬纱均采用股线、由两根经纱和一根纬纱，采用平纹组织织造而成。表面有饱满的颗粒效果、风格粗犷、手感厚实硬挺、坚牢耐磨、抗皱性好。经水洗等处理后，赋予帆布柔软的手感。适用于制作夹克、休闲裤、包袋、鞋帽、床单、抱枕等	采用起绒组织，表面绒毛匀密丰满，质地平整厚实，光泽柔和、色泽纯正自然，手感柔软、保暖性好、富有弹性、不易起皱。适合制作女式春秋服装、旗袍、民族服装和鞋帽、桌布等，也能用于仪器仪表、首饰镜片的包装	布面上有一层散乱短绒毛，底布一般为平纹或斜纹组织，可分为单面绒和双面绒两种，采用色织、印花或起绒后印花，面料手感温暖柔软。特别适用于直接接触皮肤的服装，如婴幼儿服装和秋冬睡衣等

■ 辩一辩 ■

1. 纯棉面料有哪些特点?

2. 列举常见纯棉面料的名称与风格特点、用途。

■ 练一练 ■

收集棉型面料，简单描述面料特点，制作面料样卡。

附：面料样卡

面 料 样 卡

名称：细布

成分：100%C

纱支：$67^S + 67^S$

密度：500 × 460 根/10 cm

克重：88.9 g/m^2

幅宽：55/56 in

组织结构：平纹

用途推荐：男女衬衫、裙装等

制作人：__________ 制作时间：__________

二、制作牛仔服面辅料样卡

■ 学一学 ■

（一）牛仔服面料的特点与运用

用牛仔服面料制作的裙、裤、衬衫、外套等，统称为牛仔服装。牛仔服面料经久耐穿，但表面的靛蓝色随着摩擦会逐渐褪去，所以牛仔服装会越穿越白，越穿越有味道。牛仔服装后整理就是利用这一特点，利用水洗、石磨等多种手法，在不同部位做出丰富效果，见图4-1-2。

(a) 牛仔上衣　(b) 牛仔裙　(c) 牛仔裤

图4-1-2　牛仔服装后整理效果

为满足人们对时尚与舒适的多样化需求，新型牛仔服面料被不断开发推广。按纱线结构和织物组织形式不同，有破斜纹、竹节纹、暗纹等，见图4-1-3；按面料重量可分为轻磅、中磅、重磅，轻磅面料200 ~ 340 g/m²，中磅面料340 ~ 450 g/m²，重磅面料450 g/m²以上，面料越重越厚实，耐磨性越好。轻磅平纹、细斜纹牛仔服面料适合制作夏季的牛仔裙、牛仔裤、牛仔衬衫等，中磅和重磅牛仔面料适合制作牛仔（短）裤、牛仔外套等，见图4-1-4。

(a) 破斜纹

(b) 竹节纹

图4-1-3　牛仔面料织纹

(a) 轻磅牛仔成衣

(b) 中磅牛仔成衣

(c) 重磅牛仔成衣

图4-1-4　牛仔成衣效果

（二）牛仔服辅料的选配

选配牛仔服的辅料时，主要考虑牛仔面料的风格、厚薄和色调。牛仔面料牢固耐用，因此辅料也要求结实耐用。牛仔面料多为靛蓝颜色，为增强装饰性，辅料以撞色为主。

1. 纽扣

由于牛仔面料较硬，风格粗犷，因此纽扣一般采用牢度高、装饰效果强的金属拷扣，见图4-1-5。

2. 拉链

同样采用牢度高、耐用性好的金属拉链，见图4-1-6。

3. 袋布

采用中薄型涤棉平纹面料，既耐用又吸湿透气。

4. 缝纫线

牛仔裤缝制时主要用三种线，分别是内部缝合线、外部装饰线与锁边线。装饰线多为撞色粗线（型号202），既增强牢度又突出装饰感，见图4-1-7。

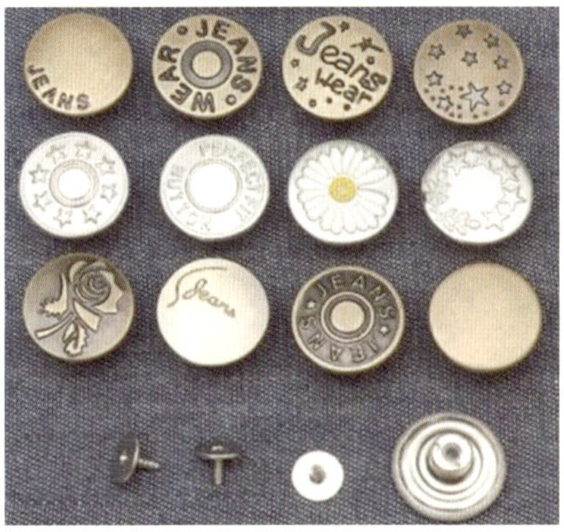

图4-1-5　金属拷扣

图4-1-6　金属拉链

图4-1-7　装饰用撞色粗线

5. 里料与工艺方法选择

绝大部分牛仔服装不需要里料，为避免穿着过程中缝份边缘的纱线散出，缝制牛仔服装时必须包边。中高档牛仔裤拼合后育克分割缝、牛仔外套拼合分割线或肩缝时通常采用包缝工艺。

■ 辩一辩 ■

1. 牛仔面料按重量的分类方法是什么？

2. 牛仔服辅料选择的主要原则有哪些？

（三）填写牛仔裤面辅料选配样卡

根据表4-1-3中的款式图，选配适合春秋季穿着的牛仔裤面辅料，并填写面辅料选配样卡。

表4-1-3　牛仔裤面辅料选配样卡

款式介绍：常规款牛仔弹力紧身小脚裤，适合春秋季穿着		
款式图： 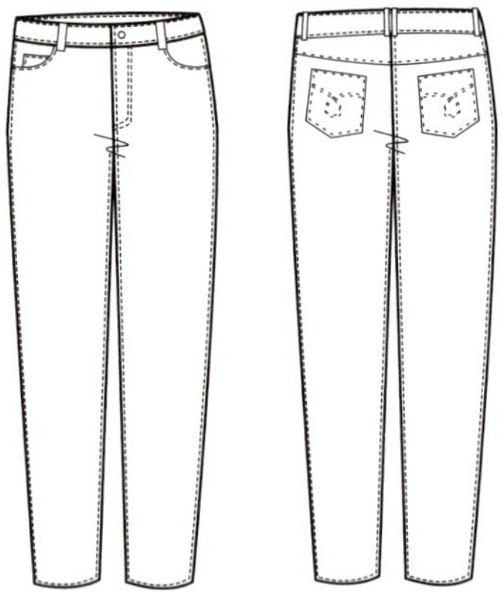		成衣照片： 
面料选配	面料：斜纹弹力牛仔布 幅宽：160 cm 成分：65%C　27%T　8%SP 克重：420 g/m²	
辅料选配	1. 袋布：白色涤棉平纹面料 2. 拉链：5号闭尾金属防滑拉链 3. 纽扣：铝合金平地拷扣，24 L 4. 缝纫线：202涤纶牛仔线（撞色） 402涤纶缝纫线（配面料色）	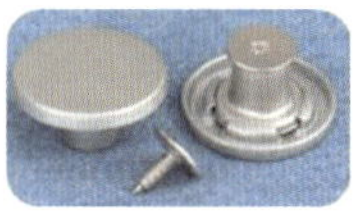   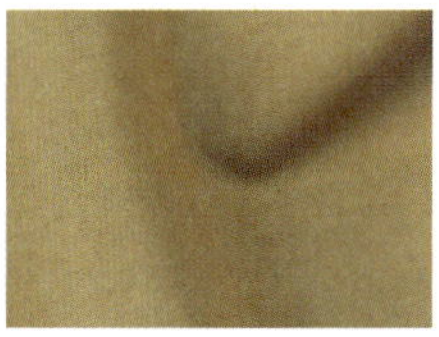
注意事项		

■ **练一练** ■

1. 找一条牛仔裤，分析使用的面辅料。

2. 分析表4-1-4中的牛仔女外套款式图，根据面辅料选配的基本要求，选择适合的牛仔面料和牛仔服辅料，制作一份牛仔女外套面辅料选配样卡。

表4-1-4　牛仔女外套面辅料选配样卡

<table>
<tr><td colspan="3">款式名称：</td></tr>
<tr><td colspan="3">款式介绍：</td></tr>
<tr><td colspan="2" rowspan="2">款式图：
</td><td>面料选配：</td></tr>
<tr><td>面料粘贴</td></tr>
<tr><td>辅料选配</td><td></td><td>辅料粘贴</td></tr>
<tr><td>注意事项</td><td colspan="2"></td></tr>
</table>

服材拓知

各类新型牛仔面料介绍

1. 舒适超软牛仔面料

追求舒适感已成为服装设计与制作的主流，牛仔面料服装也不例外。打造舒适型牛仔面料的关键在于人造纤维素纤维的加入。棉与莫代尔纤维混纺、天丝和涤纶混纺等手段都可在牛仔面料原有的粗犷外观基础上增加柔软感，见图4-1-8。

2. 亲肤高弹牛仔面料

具有弹性的牛仔面料也一直是开发重点。弹性出色的面料能完美贴合身体曲线，给人带来自由伸展的运动空间，见图4-1-9。

图4-1-8 舒适超软牛仔面料及应用

图4-1-9 亲肤高弹牛仔面料及应用

3. 清凉散热牛仔面料

COOLMAX（特殊功能性涤纶）纤维是一种特殊十字形截面纤维，具有比棉纤维更好的透气性，能够快速吸湿散热、平衡服装内外的温度与湿度。目前已有多个品牌利用COOLMAX纤维开发了冷感牛仔服装系列，见图4-1-10。

4. 重度酸性漂洗牛仔面料

重度酸性漂洗可以使牛仔面料产生丰富的纹理效果，使其具有独特的视觉吸引力。通过酸性漂洗的工艺处理，牛仔布呈现不同深浅的蓝色调，形成丰富的层次感，使服装风格更加多变，并增加其时尚感和艺术感，见图4-1-11。

图4-1-10　清凉散热牛仔面料及应用

图4-1-11　重度酸性漂洗牛仔面料及应用

5. 保暖绒里（绗缝）牛仔面料

为提高牛仔面料服装的冬季户外防护能力，常可增加绒里和绗缝等结构，见图4-1-12。

图4-1-12　保暖绒里（绗缝）牛仔面料及应用

6. 彩色印染牛仔面料

现代印染科技的发展，推动了牛仔面料从单一的靛蓝色发展到多种色彩，见图4-1-13。

图4-1-13　彩色印染牛仔面料及应用

三、制作幼童连体服面辅料样卡

■ 学一学 ■

（一）不同年龄段童装的面辅材料选配基本要求

童装与成人服装有很大的差异性。首先，儿童生长较快，服装使用周期短；其次，儿童喜动不喜静、活动量大，且新陈代谢旺盛、易出汗；最后，由于儿童心理不成熟，好奇心强且行为控制能力弱，因此童装必须具有安全性、耐用性和舒适性。

童装面料是童装设计表达的载体，它的安全性直接关系到儿童的健康成长，是童装设计师和消费者关注的焦点，因此童装面料的选配比任何款式设计都更为重要。总体而言，制作童装宜用棉质、浅色面料。

不同年龄段童装对面辅料有着不同的要求，见表4-1-5。

表4-1-5　不同年龄段童装面辅料特点与注意事项

名称	年龄	常用款式	面辅料主要特点	注意事项
婴童装	0 ~ 1	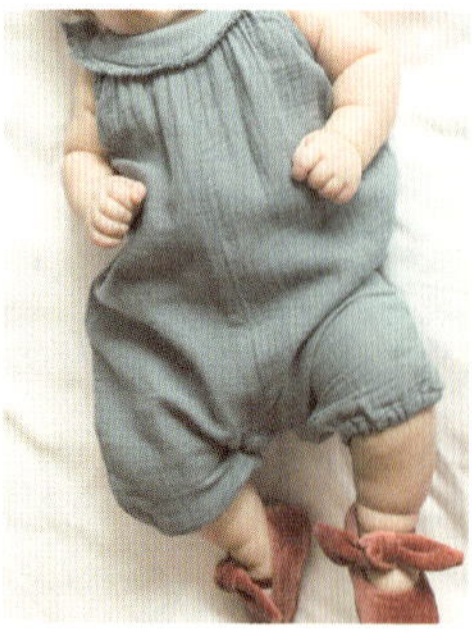	选择柔软且具有良好伸缩性、吸湿性、透气性和保暖性的全棉面料，如细布、绒布、汗布等。细布柔软贴身，吸湿性、透气性非常好，绒布手感柔软、保暖性强、无刺激，汗布柔软透气且有弹性	易脱落的纽扣、尖锐的金属、过长的绳带、坚硬的魔术贴等均不能使用，以免造成意外伤害

续表

名称	年龄	常用款式	面辅料主要特点	注意事项
幼童装	1 ~ 3		春夏季可选用透气吸湿的棉麻面料，如泡泡纱、巴厘纱、棉毛布；秋冬季宜用保暖性好的针织面料。膝关节、肘关节等常摩擦部位可用耐磨性强的涤卡、斜纹布、灯芯绒等面料进行拼接。服装不用硬质拉链，裤腰宜采用松紧带	这个年龄段的幼童运动能力有质的提升。面料需要更牢固耐磨、耐脏易洗
小童装	4 ~ 6		面料以纯棉起绒针织布、纯棉布、灯芯绒布及涤棉混纺布居多。一般春夏可用泡泡纱、纯棉细布、条格布、色织布、竹节棉等穿着凉爽透气的面料，秋冬宜用隔热保暖性好、耐洗穿的卡其、斜纹布、灯芯绒等	这个年龄段的小童已进入幼儿园，活动范围较大，开始锻炼自理能力。服装需要便于穿脱，且牢固耐磨
中童装	7 ~ 12		面料选择范围较广。夏季可选择牛津布、汗布、网眼布等棉型面料；春秋季可选择灯芯绒、牛仔布等厚实耐用的纯棉面料，或中长花呢、坚固呢、涤纶哔叽等化纤/混纺面料	这个年龄段的中童已进入小学，因此要考虑日常生活以及课堂学习、课外活动的需要
大童（少年装）	13 ~ 17		根据功用的不同，面料有不同的选择。家居服仍是以棉麻类天然纤维面料为主，外套更多选择化纤纯纺或涤棉混纺面料，以达到易洗、耐脏、耐磨的功用	大童处于生长发育期，身高增长迅速，面料价格不宜过高

■ 辩一辩 ■

简述童装根据儿童年龄段划分的方法以及各年龄段童装面辅料主要特点。

（二）填写幼童连体服面辅料选配样卡

从表4-1-6中的款式图和成衣照片可知：本款为1 ~ 3岁女幼童的日常连体服。为适应幼嫩肌肤、方便吸湿排汗，面料选择了柔软的细布；装饰类辅料选择布质盘扣和嵌条，具有中式风格；扣紧类辅料选择塑料按扣和0.6 cm细松紧带，符合儿童服装在舒适透气、安全等方面的需求。

当然面辅料的选择并不是一成不变的，根据本款连体服的特点，也可以选择其他柔软透气的面料，如府绸、泡泡纱、绉布等纯棉机织面料，或纯棉针织面料。

表4-1-6　幼童连体服面辅料选配样卡

款式名称：连体服			
款式介绍：宽松连体服，旗袍领、斜襟、盘扣、小飞袖，大腿根部采用细松紧带抽褶设计			
幼儿连体服款式图：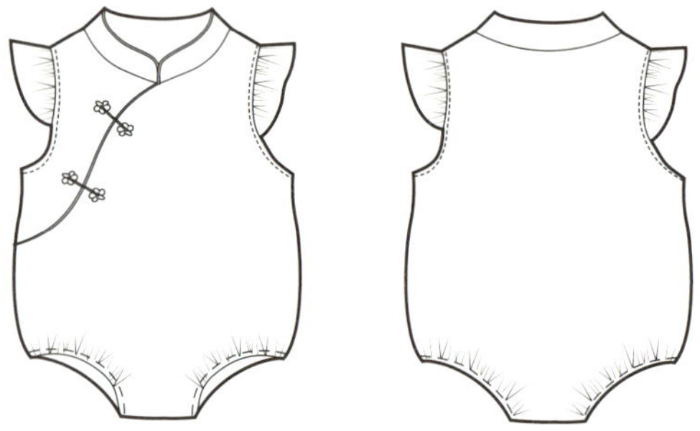		成衣照片：	
面料选配	面料：细竹节布 成分：100%棉 组织：平纹 克重：$86\ g/m^2$	 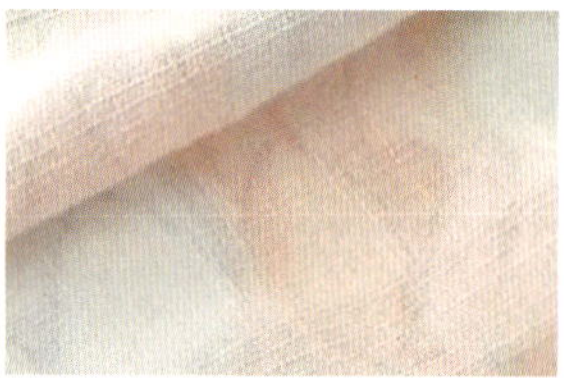	
辅料选配	 粉色嵌条若干	 12 L塑料按扣3副	 0.6 cm松紧带若干
注意事项			

■ 练一练 ■

1. 根据表4-1-6中的款式图，选配其他适合制作1 ～ 3岁幼童连体服的面辅材料。

2. 根据表4-1-7中的款式图，为4 ～ 6岁女小童选配夏季连衣裙的面辅料，并填写面辅料选配样卡，要求包括款式描述、选配的面料成分规格、辅料的种类规格等。

表4-1-7　女小童裙装面辅料选配样卡

<table>
<tr><td colspan="3">款式名称：4 ~ 6岁女小童夏季连衣裙</td></tr>
<tr><td colspan="3">款式介绍：</td></tr>
<tr><td colspan="2" rowspan="2">款式图：
</td><td>面料选配：</td></tr>
<tr><td>面料粘贴</td></tr>
<tr><td>辅料
选配</td><td></td><td>辅料粘贴</td></tr>
<tr><td>注意
事项</td><td colspan="2"></td></tr>
</table>

学习评价

请根据表4-1-8所示评价内容对本任务进行自评。

表4-1-8　评价表

时间	评价内容	是/否
课前	准备充分	
课中	1. 认真思考，积极发表意见	
	2. 掌握棉型面料的基本特点	
	3. 掌握常见棉型面料组织结构、风格特点和基本用途	
	4. 掌握棉型面辅料样卡制作基本要求	
	5. 了解牛仔服装的基本特点和面辅料选配方法	
	6. 了解不同年龄童装的基本特点和面辅料选配方法	
课后	保质保量，按时完成作业	

课后拓展

1. 逛一逛面料市场，或通过其他途径搜集各类棉型面料，概括其特点并整理面料样卡。

2. 考虑表4-1-4中的外套还能选择哪些非牛仔面料？其风格会产生怎样的变化？在辅料的选配上可以做哪些变化？

3. 采访身边的年轻父母，了解他们对婴童、幼童、小童服装的面料要求，并进行童装面料知识科普。

4. 尝试设计一款由棉型面料制作的服装，选配合适的面料和辅料，并填入表4-1-9。

表4-1-9 面辅料选配与采购单

款式名称：					
款式图：					
材料	名称	规格	数量	单价/元	总额/元
面料					
辅料1					
辅料2					
辅料3					
制单人		审核人		小计	

任务二

认识麻型面料常见品种及其运用

学习目标

通过收集各种麻型面料，了解麻型面料的风格特点和常见品种，能根据衬衫的特点选配面辅材料，制作面辅料选配样卡。

核心知识

人们使用麻的历史比羊毛、丝绸更悠久，可以说麻是世界上最古老的纺织纤维。宁波余姚河姆渡遗址、杭州余杭良渚遗址、陕西半坡遗址和河南仰韶遗址等均出土了大量纺轮、纺机构件、织机构件及陶片上的麻布印痕，都印证了麻在中国的使用历史可以追溯到一万多年前的新石器时代。麻布后来成为平民的常用衣料，没有官职的老百姓因此被称为“布衣”。

现代，麻凭借优越的性能和自然粗犷的独特外观，契合“返璞归真、重返自然”的消费理念，再次得到消费者的青睐。

能力训练

一、认识麻型面料常见品种

■ 学一学 ■

（一）麻型面料特点

麻型面料指用麻纤维纯纺，或麻纤维与以涤纶为主的仿麻纤维混纺、交织织成的面料。纯麻面料主要有以下特点。

（1）吸湿散湿速度快、导热性好，触摸有凉感、穿着不贴身。

（2）苎麻略显粗糙刚硬，亚麻更光洁细腻。

（3）弹性较差，穿着时折痕较多。

（4）既耐真菌又不会被虫蛀，易于保管。

（5）耐碱不耐酸。

（6）强度高于其他天然纤维面料。

（二）麻型面料种类

1. 按能否服用分类

（1）可服用麻纤维：如苎麻纤维和亚麻纤维、罗布麻纤维等。

（2）不可服用麻纤维：如黄麻纤维、剑麻纤维等。

随着工艺技术的进步，许多不可服用麻纤维也逐渐被应用于服装生产中。

2. 按织造方法分类

（1）手工麻布：又名夏布，是用传统工艺和织机织成的，风格更为古朴。

（2）机织麻布：用现代织造工艺和织机织成的，质地更为细腻。

（三）常见麻型面料

服装面料中用得最多的是苎麻和亚麻，均属韧皮纤维。麻型面料的品种较少，多以平纹组织或方平组织织造。

1. 苎麻面料

国产苎麻纤维素含量高、强度高、光泽好，广受市场欢迎。苎麻布表面纱线粗细不匀，形成特殊肌理效果，外观粗犷挺括，见图4-2-1。

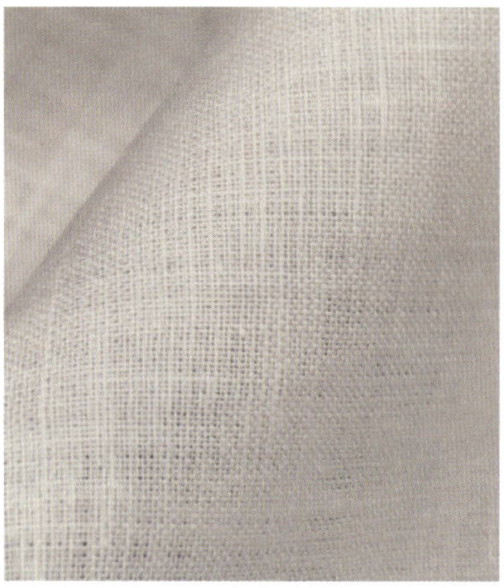

(a) 机织苎麻面料（一）

(b) 机织苎麻面料（二）

(c) 手工苎麻面料（夏布）

图4-2-1　苎麻面料

2. 亚麻面料

亚麻是世界上最古老的作物之一，也是高品质纺织品的代表。亚麻面料外观挺括、织纹清晰，表面也有粗细纱线形成的特殊肌理效果，比苎麻布光洁细腻，且具有吸湿散热、保健抑菌、防污抗静电、防紫外线等多种功能，见图4-2-2。

图4-2-2　亚麻面料

3. 混纺、交织面料

（1）棉麻混纺、交织面料：既能保留外观上的“麻感”，又具有棉的柔软手感，还改善了麻面料粗糙、易起毛的缺点，质地坚牢滑爽，手感较纯麻面料柔软。棉麻交织面料多以棉纱作经纱、麻纱作纬纱织造而成，见图4-2-3。

图4-2-3　棉麻混纺、交织面料

（2）毛麻混纺面料：具有手感滑爽、挺括、弹性好等优点，又不失麻的粗犷质朴，见图4-2-4。

图4-2-4　毛麻混纺面料

（3）丝麻混纺面料：兼有真丝面料和麻面料的优良特性，滑爽柔软、光泽好、有弹性、悬垂性好，见图4-2-5。

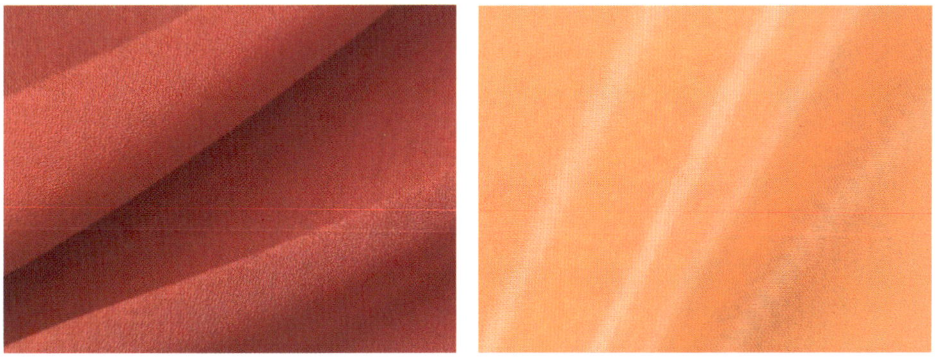

图4-2-5　丝麻混纺面料

（4）麻与化纤混纺面料：麻可与化纤混纺，如涤麻既保持麻面料的挺爽感，又克服了涤纶面料吸湿性差的缺点，且挺括不皱，滑爽舒适，易洗快干，是夏春秋三季的高档衣料。

■ 辩一辩 ■

1. 什么是麻型面料？
2. 麻型面料有哪些特点？
3. 简述常见麻型面料及其特有风格。

■ 练一练 ■

收集麻型面料，简单描述面料特点，制作样卡。

附：面料样卡

面 料 样 卡

名称：夏布
成分：100%苎麻
纱支：$12^S + 12^S$
密度：130 × 130根/10 cm
克重：135 g/m^2
幅宽：24 in
组织结构：平纹
用途推荐：夏季衬衫、桌布等

制作人：__________ 制作时间：__________

二、制作休闲衬衫面辅料样卡

■ 学一学 ■

（一）休闲衬衫面料的特点与运用

衬衫源于古罗马时代的男子服饰，多以亚麻布料缝制。现代衬衫是男女上装的基本品类之一，按穿着场合可以分为正装衬衫和休闲衬衫两大类。

大多中薄型面料都能用作衬衫面料，因此选择范围很广。如细平布、府绸、泡泡纱、牛津纺、贡缎、色织布、细条灯芯绒等棉型面料，都可用作休闲衬衫面料，见图4-2-6。用棉型面料制作的衬衫优点是穿着柔软舒适、吸汗透气，颜色鲜艳；缺点是抗皱性差。棉型面料经树脂整理、免烫整理后可用作正装衬衫面料，见图4-2-7。麻型面料有苎麻布、亚麻布、麻混纺/交织布、涤纶仿麻布等，优点是触摸有凉爽感，制成的衬衫特别适合夏季穿着，缺点是易褶皱，见图4-2-8。丝型面料中的纺类、绉类、缎类、绫类、纱罗类等均为制作男女衬衫的高档面料，代表品种有双绉、电力纺、软缎、香云纱等，优点是手感柔软、外观轻薄、飘逸鲜艳，穿着凉爽舒适，见图4-2-9。

图4-2-6　棉型面料休闲衬衫

图4-2-7　棉型面料正装衬衫

图4-2-8　麻型面料休闲衬衫

图4-2-9　丝型面料休闲衬衫

（二）休闲衬衫辅料的选配

一件衬衫的品质，除面料外还要从辅料、工艺等细节来判断。

1. 缝纫线

缝纫线质地、缩率、耐热性等要与面料相近，可选择如涤棉线、棉线和真丝线等材质。

2. 黏合衬

休闲衬衫不追求挺括风格，可以使用薄型有纺黏合衬。正装衬衫需要使用硬质衬，使领子、门襟、克夫更挺括。

3. 纽扣

使用以二眼扣、四眼扣为主的树脂扣，耐撕强度高、保形性能好。用在衬衫上的纽扣型号为18 ～ 22 L。

■ **辩一辩** ■

列举可制作休闲衬衫的面料品种。

（三）填写休闲女衬衫面辅料选配样卡

根据表4-2-1中的款式图，选配适合春秋季穿着的休闲女衬衫面辅材料，并填写面辅料选配样卡。

表4-2-1　休闲女衬衫面辅料选配样卡

<table>
<tr><td colspan="3">款式名称：休闲女衬衫</td></tr>
<tr><td colspan="3">款式介绍：立翻式长尖领、暗门襟、宽松型直腰身、前短后长圆下摆，后衣片设计育克分割、后中心设工字褶，宽松长袖、袖口处较大对褶、袖口装袖克夫</td></tr>
<tr><td colspan="2">成衣照片：
</td><td>款式图：
</td></tr>
<tr><td>面料选配</td><td>面料名称：麻棉混纺
组织结构：平纹组织
面料成分：55%麻　45%棉
风格特征：质地挺括，手感细腻柔软</td><td>面料粘贴</td></tr>
<tr><td>辅料选配</td><td>1. 配色缝纫线
2. 黏合衬
3. 9粒18 L纽扣+1粒备扣</td><td>辅料粘贴</td></tr>
<tr><td>注意事项</td><td colspan="2">面料在裁剪前必须预缩，或测试缩率后在样板上加放</td></tr>
</table>

■ **练一练** ■

1. 找一件衬衫，分析使用的面辅料。

2. 分析并模仿表4-2-1，尝试设计一款衬衫，制作面辅料选配样卡，并填入表4-2-2。

表4-2-2　衬衫面辅料选配样卡

<table>
<tr><td colspan="3">款式名称：</td></tr>
<tr><td colspan="3">款式介绍：</td></tr>
<tr><td colspan="2" rowspan="2">款式图：</td><td>面料选配：</td></tr>
<tr><td>面料粘贴</td></tr>
<tr><td>辅料选配</td><td></td><td>辅料粘贴</td></tr>
<tr><td>注意事项</td><td colspan="2"></td></tr>
</table>

学习评价

请根据表4-2-3所示评价内容对本任务进行自评。

表4-2-3　评价表

时间	评价内容	是/否
课前	准备充分	
课中	1. 认真思考，积极发表意见	
	2. 掌握麻型面料的基本特点	
	3. 了解苎麻面料和亚麻面料风格特点	
	4. 掌握常见麻型面料组织结构、风格特点和基本用途	
	5. 了解棉麻混纺、毛麻混纺、丝麻混纺面料风格特点	
	6. 了解休闲衬衫的基本特点和其面辅料选配方法	
课后	保质保量，按时完成作业	

课后拓展

1. 收集麻型面料，概括其特点并整理面料样卡。

2. 尝试设计一款由麻型面料制作的服装，选配合适的面料和辅料，填入表4-2-4。

表4-2-4　面辅料选配与采购单

款式名称：

款式图：

材料	名称	规格	数量	单价/元	总额/元
面料					
辅料1					
辅料2					
辅料3					
制单人		审核人		小计	

任务三

认识丝型面料常见品种及其运用

学习目标

通过收集各种丝型面料，了解丝型面料的风格特点和常见品种，能根据传统旗袍、现代礼服的特点选配面辅材料，制作选配面辅料样卡。

核心知识

我国生产丝织品的历史悠久，依托丝织品开拓了举世闻名的“丝绸之路”。2013年，我国提出共建“一带一路”倡议，“一带一路”是“新丝绸之路经济带”和“21世纪海上丝绸之路”的简称。

丝型面料外观绚丽多彩、光泽柔和、明亮悦目、高雅华丽、亲肤舒适，素有“衣料皇后”之称，是高档服装的理想面料，为广大消费者所喜爱。

能力训练

一、认识丝型面料常见品种

■ 学一学 ■

（一）丝型面料特点

丝型面料指用蚕丝、仿丝型纤维为原料织成的各种纯纺或交织面料。蚕丝包括桑蚕丝、柞蚕丝等，仿丝型纤维有黏胶、涤纶、锦纶、铜氨、醋酯、天丝等长丝。纯桑蚕丝面料主要有以下特点：

（1）光泽柔和，颜色鲜艳，外观高雅华丽。

（2）手感滑爽，干态弹性及抗皱性均较好。

（3）吸湿透气性好，穿着凉爽舒适。

（4）耐酸不耐碱，不能用普通洗涤剂洗涤。

（5）耐水性、耐光性均差，经常洗涤或日晒易失去光泽、褪色、发黄发脆。

（二）丝型面料种类

丝型面料按纱线种类、组织结构、面料风格等，可分成14个大类：纺、绉、绸、缎、锦、绫、罗、纱、绒、绢、绡、呢、绨、葛。以下介绍常用的纺、绉、绸、缎、锦、绫、罗、纱、绒。

1. 纺

纺是采用桑蚕丝或人造丝、合纤丝为原料，以平纹组织织成的轻薄型面料。经纬纱不加捻或只加弱捻，面料平整细腻。代表品种有电力纺、杭纺、绢丝纺、富春纺等。

2. 绉

采用桑蚕丝、人造丝等为原料。纬向加强捻，经向可加弱捻或强捻，利用强捻纱线产生绉效应。代表品种有双绉、顺纡绉等。

3. 绸

绸是采用基本组织、混用变化组织，或无其他明显面料特征的、质地紧密的中厚型丝绸，品种较为繁杂。代表品种有双宫绸、绵绸、塔夫绸等。

4. 缎

采用缎纹组织织造的色织大提花面料，经纬纱密度差距较大，使一组浮纱完全遮盖另一组纱线，以突出缎纹提花效果。代表品种有织锦缎、古香缎、软缎、桑波缎等。

5. 锦

锦是我国传统高档多彩提花缎纹面料，以精炼染色的桑蚕丝、人造丝为原料，还常常使用各种金银丝以提高装饰效果。代表品种有蜀锦、云锦、宋锦等。

6. 绫

绫是采用斜纹或斜纹变化组织织造的丝绸面料，表面有明显斜向纹路，或由斜纹组成的山形、阶梯形等纹路。代表品种有真丝绫、美丽绸、裱画绫等。

7. 罗

罗是采用绞经组织织造的丝绸面料，分为横罗和直罗，直罗表面有经向排列的直条孔眼。

8. 纱

纱是轻薄透明的平纹薄型丝绸面料。代表品种有经纬丝均加强捻的芦山纱及表面经过涂层处理的香云纱等。

9. 绒

绒是用桑蚕丝或桑蚕丝与化纤丝交织成的起绒面料，也称丝绒，表面有或耸立或平卧的绒毛，品种较丰富。代表品种有天鹅绒（漳绒）、乔其绒、烂花绒、金丝绒等。

（三）常见丝型面料

根据不同风格特点，可将丝型面料分成经典传统面料和时尚摩登面料两大类，其中，经典传统面料适用于制作旗袍、唐装等中式服装，以及制作领带、被面、靠垫、桌旗或对古书进行装帧等。

1. 常见经典传统面料和常见时尚摩登面料

常见经典传统面料见表4-3-1。

表4-3-1　经典传统面料

云锦	宋锦	蜀锦

我国四大名锦之首，织工精细、逐花异色、通经断纬、挖花盘织。云锦或加金或织孔雀羽，也有大面积应用大量金银线交织，形成金碧辉煌、瑰丽灿烂的效果	采用经丝和纬丝联合显花的组织结构，是我国传统的丝织工艺品。因其主要产地在苏州，故又称苏州宋锦。面料色泽华丽，图案精致，质地坚柔挺括	以多重彩经起花为经锦、多重彩纬起花为纬锦，其中，经锦工艺是蜀锦独有的。面料图案清晰、色彩丰富、花形饱满、工艺精美。著名的文物“五星出东方利中国”就是蜀锦
织锦缎	古香缎	香云纱

以经面缎纹提花组织织成，纬密达到1000根/10 cm以上。质地紧密平挺、色泽绚丽华贵，图案多为龙凤呈祥、福寿如意、梅兰竹菊等，具有高贵、典雅、华丽、庄重的风格	密度和厚度略小于织锦缎，色彩风格古色古香，图案多为亭台楼阁、花鸟虫鱼、人物故事等，富有民族风格	又称莨纱绸，正面油亮清爽、色泽古朴，反面有一层胶质。日晒和水洗牢度佳、易洗易干、穿着不贴身，但折叠、摩擦、搓洗后易造成脱胶

常见时尚摩登面料见表4-3-2。

2. 浙江特色经典传统丝绸面料

浙江历来是全国知名的鱼米之乡、丝绸之府，“越罗吴绫”是与“齐纨鲁缟”齐名的古代丝绸名品。杭州亚运会礼仪服装设计主题为“云舒霞卷”，是将传统提花工艺和高科技数码专项定织定位图案的织造工艺相结合，不仅体现大国礼服的优雅风范与独特的经典韵味，而且把浙江丝绸展示给全世界。

表4–3–2 时尚摩登面料

电力纺	塔夫绸	双宫绸
	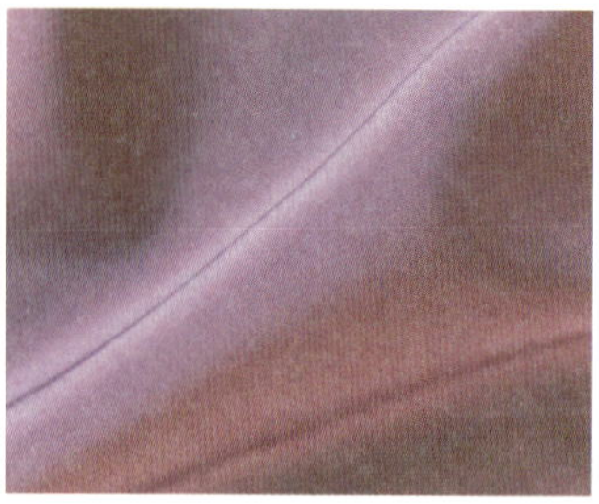	
纯桑蚕丝织造的平纹面料。质地轻薄飘逸、柔软滑爽、光泽自然。除制作常规的裙装、衬衫、丝巾等外，轻磅电力纺还可用作高档服装的里料。砂洗后的面料表面有细腻均匀的绒毛，带有古朴自然的陈旧感	纯桑蚕丝织造的平纹面料。质地紧密、绸面细洁光滑、轻薄平挺、光泽晶莹柔和。适合制作高档礼服、时装外套、裙装、衬衫等	经丝用桑蚕丝、纬丝用双宫丝织成。布面呈现不规则的疙瘩状竹节，外观较粗犷、绸身坚挺厚实、具有特殊风格。适合制作夏季衬衫、裙裤装等
双绉	乔其纱	顺纡绉
	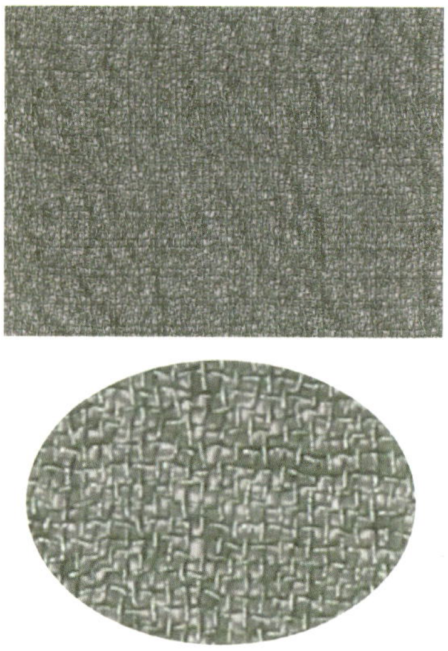	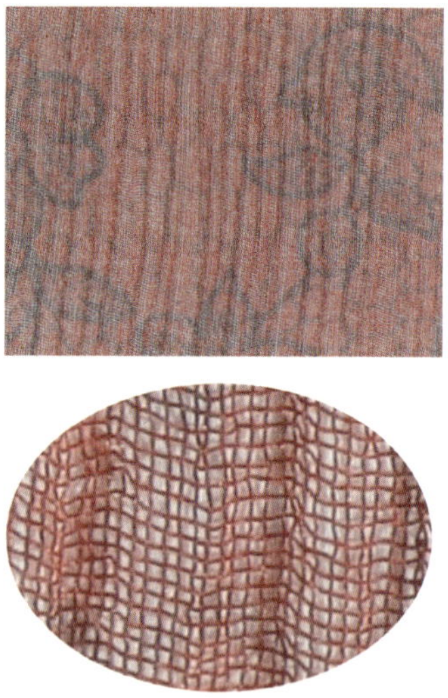
经纱无捻或弱捻，纬纱采用强捻，且以2S2Z间隔排列。面料表面有细密绉纹，光泽柔和、轻薄柔软、富有弹性、抗皱性好	采用密度极小的平纹绉组织织造。表面有细皱纹、纱孔清晰、质地轻薄、透明飘逸、富有弹性、缩水率大。适合制作裙装、衬衫、丝巾、舞台服装等	平纹绉组织织造。密度稍大于乔其纱，表面有纵向条状细绉纹，轻薄飘逸、手感柔软、富有弹性。用途与乔其纱相似

素绉缎	桑波缎	金丝绒
		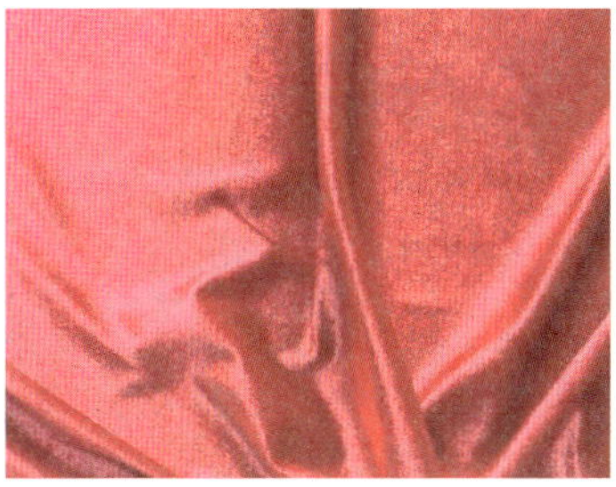
纯桑蚕丝织造的缎纹面料。纬丝加强捻、背面横向有不明显波浪细绉纹，质地紧密、光泽好，手感柔软润滑。适合制作高档男女衬衫、女士旗袍、裙装或绣花绸坯等	纯桑蚕丝织造的五枚缎纹提花面料。以中小型图案的花卉和几何形为主，手感柔糯、光泽明亮、柔软富有弹性。适合制作高档男女衬衫、裙装等	地组织为平纹的割经起绒面料。绒毛密集耸立、稍有顺向倾斜，绒面丰满均匀，色光柔和、质地坚牢，手感柔软丰满、富有弹性。适合制作外套、裙装、帽子或装饰用布等
斜纹绸	烂花绒	烂花绡
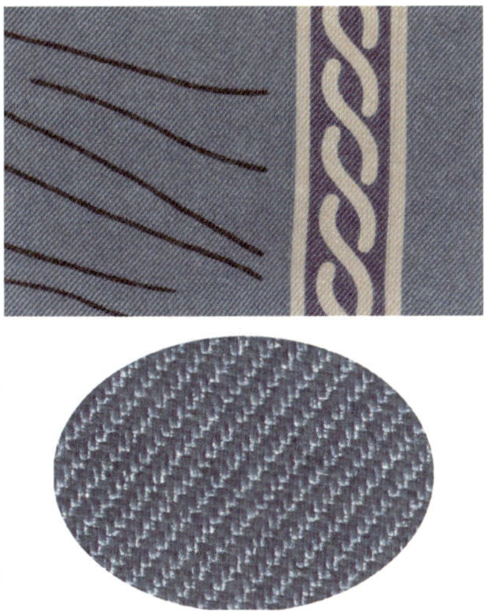		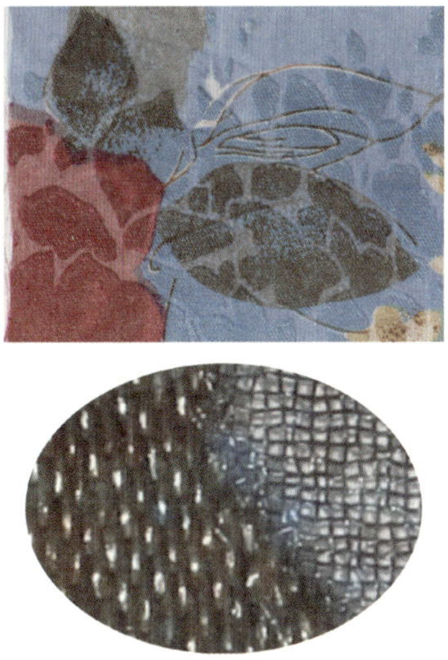
纯桑蚕丝织造的斜纹面料。表面有明显斜向纹路，质地柔糯滑爽、轻薄飘逸、光泽较好。适合制作旗袍、衬衫、连衣裙、丝巾等	地组织为轻薄透明的平纹、绒毛丰润密集、凹凸分明，有浮雕般的立体效果。适合制作裙装及装饰用布等	由真丝（或锦纶丝）与黏胶丝交织而成的面料。地组织轻薄透明，花纹光泽明亮，立体感强。主要用于制作高档女裙、衬衫、丝巾和舞台服装等

杭嘉湖平原以卓越的丝绸工艺文明，特色丝织品层出不穷，在中国丝绸史上留下浓墨重彩的一笔，代表作见表4-3-3。

表4–3–3　浙江特色经典丝绸面料

杭罗	杭纺

因产于浙江杭州而得名，为纯桑蚕丝织造的绞纱组织。绸面具有间隔均匀的纵向或横向纱孔，质地轻薄紧密、穿着透气凉爽。纵向纱孔的称直罗、横向纱孔的称横罗。杭罗织造技艺已被列入国家级非物质文化遗产名录	因产于浙江杭州而得名，以平纹组织织造。绸布光滑平整，质地略厚实，色泽柔和自然，手感柔软滑爽，穿着舒适凉爽
双林绫绢	都锦生织锦
 	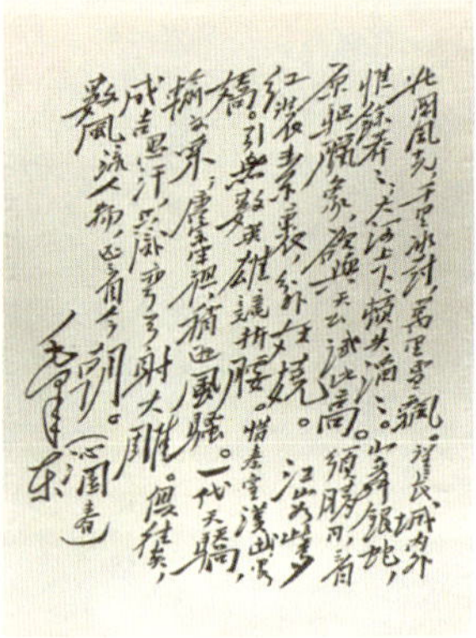 
原产于浙江湖州双林镇。绢主要用于代纸作画作书，绫主要用于装裱书画。还被用于制作民族、戏剧服装，或宫灯罩、风筝、屏风、绢花、锦匣等工艺产品	浙江杭州著名的丝织工艺品。民国时期，都锦生丝织厂研制出五彩锦绣，经纬起花丝织风景画等工艺，将书法和绘画通过织锦工艺体现出来

■ 辩一辩 ■

1. 什么是丝型面料？丝型面料有什么特点？
2. 介绍几种常见丝型面料的风格特点。

■ 练一练 ■

收集丝型面料，简单描述面料特点，制作面料样卡。

附：面料样卡

面 料 样 卡

名称：织锦缎
成分：100%涤纶
纱支：64D + 106D
密度：1330 × 1010根/10 cm
克重：202 g/m^2
幅宽：55/56 in
组织结构：缎纹提花
用途推荐：旗袍、唐装、领带等

制作人：________ 制作时间：________

二、制作传统旗袍面辅料样卡

■ 学一学 ■

（一）旗袍分类与面料选择

旗袍是我国传统女性服装之一，不同的面料质地与花色所呈现的旗袍风格差别极大，因此旗袍的面料选择非常重要。

1. 按穿着场合选择面料

按照穿着场合，旗袍可分为日常型旗袍和礼仪型旗袍两类，见图4-3-1。日常型旗袍面料多以棉麻、丝绸为主，多选用小花、素格、细条等素雅的花色，表现温柔恬静的风格。礼仪型旗袍面料多为真丝或仿真丝等光泽型面料，面料如为单色，辅以绣花、印花或

(a) 日常型旗袍　　(b) 礼仪型旗袍

图4-3-1　按穿着场合选择面料

钉珠装饰；也可采用织锦缎、古香缎、云锦等花色华丽的丝型面料，表现出高贵华丽的风格；丝绒旗袍独特的光泽感更能为穿着者营造神秘感。

2. 按穿着季节选择面料

春夏季可以用轻薄透气的真丝类面料，如杭罗、素绉缎、香云纱、斜纹绸、府绸、贡缎、泡泡纱等；秋冬季可供选择的面料也比较多，缎和丝绒的运用最广，如织锦缎、金丝绒等，显得厚重典雅，见图4-3-2。

(a) 香云纱旗袍　(b) 烂花绒旗袍　(c) 素绉缎旗袍　(d) 织锦缎旗袍

图4-3-2　按穿着季节选择面料

（二）旗袍辅料的选配

除一些具有功能性的辅料之外，旗袍更要考虑装饰性辅料，以增强旗袍的装饰感。

1. 黏合衬

为塑造良好的造型效果，旗袍领需要熨烫黏合衬。装拉链处烫黏合衬能够使拉链更平服。斜襟、袖窿、侧缝和下摆绲边等处烫牵条衬能够避免该部位不拉长、不变形。

2. 隐形拉链

旗袍一般在后中或右侧缝安装隐形拉链。

3. 绲边

一般用紧密细致的素软缎，并采用45°斜丝裁剪，柔软、不透浆料且富有弹性。绲边颜色与面料颜色为撞色时，装饰效果更好。

4. 盘扣

使用45°斜丝裁剪的旗袍面料，或与绲边面料配合，制成襻条后盘制而成。部分做装饰花扣的襻条会内衬金属丝，以便于定型。

■ 辩一辩 ■

1. 旗袍分类与面料选择的关系是什么?

2. 旗袍常用的辅料有哪些?

（三）填写旗袍面辅料选配样卡

根据表4-3-4中的款式图，选配适合春秋季穿着的旗袍面辅料，并填写面辅料选配样卡。

表4-3-4　旗袍面辅料选配样卡

<table>
<tr><td colspan="3">款式名称:“百年好合”婚庆旗袍</td></tr>
<tr><td colspan="3">款式介绍：合体旗袍，双襟，连肩短袖，开襟处钉3对盘花扣；右侧下摆开衩，左右摆缝处自腋下起均匀分布10对一字扣；领口、门襟、袖窿、摆衩及底边采用绲边工艺</td></tr>
<tr><td colspan="2">旗袍款式图:
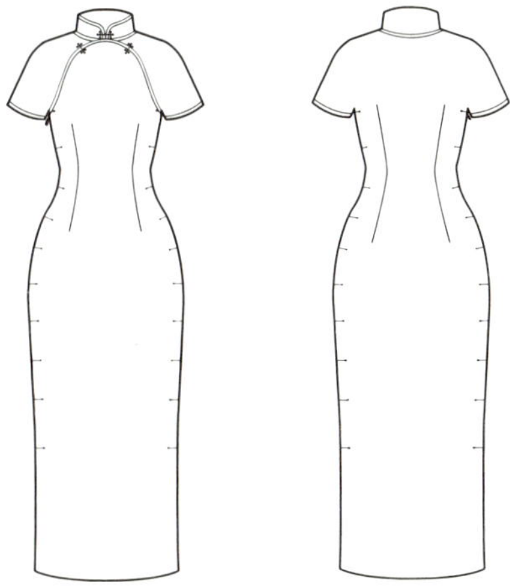</td><td>成衣照片:
</td></tr>
<tr><td>面料
选配</td><td>面料：桑波缎
成分:100%桑蚕丝
组织：5枚缎纹提花
其他：采用印花、刺绣等工艺</td><td>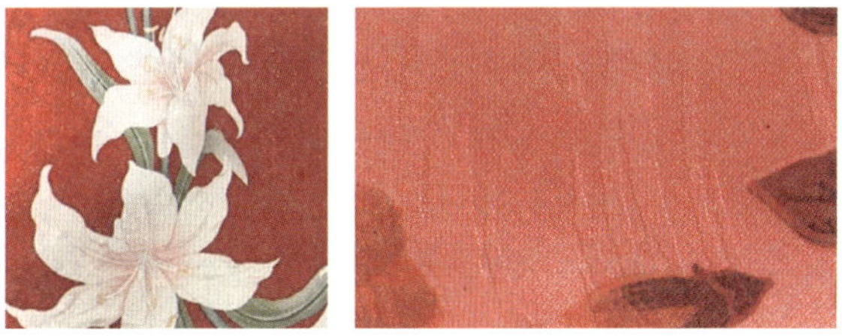</td></tr>
<tr><td>辅料
选配</td><td>里料：真丝电力纺
牵条衬：1 cm宽度，直丝
纽扣：盘扣3对，一字扣20对
其他：配色缝纫线，金色嵌条若干</td><td>辅料粘贴</td></tr>
<tr><td>注意
事项</td><td colspan="2">1. 当裁剪易变形时，可喷水或上浆
2. 当缝纫易滑脱时，可在缝头处烫牵条衬或刮薄浆</td></tr>
</table>

■ 练一练 ■

根据表4-3-5中的款式图，为宴会旗袍选配面辅料，并填写面辅料选配样卡。

表4-3-5　宴会旗袍面辅料选配样卡

<table>
<tr><td colspan="3">款式名称：宴会旗袍</td></tr>
<tr><td colspan="3">款式介绍：圆角立领，右偏襟，开襟处钉盘扣；后中装隐形拉链，短袖；领口、立领上口、门襟采用绲边工艺</td></tr>
<tr><td colspan="2" rowspan="2">款式图：
</td><td>面料选配：</td></tr>
<tr><td>面料粘贴</td></tr>
<tr><td>辅料
选配</td><td></td><td>辅料粘贴</td></tr>
<tr><td>注意
事项</td><td colspan="2"></td></tr>
</table>

三、制作女式礼服面辅料样卡

■ 学一学 ■

（一）礼服的分类与面辅料运用

礼服是人们在社交场合穿着的、符合一定礼仪规范的服装。中国传统的儒家文化以“礼”为核心内容，各类礼仪服装设计与制作对形制、色彩、纹样、质地等都有严格的规定。现代社会同样重视正式场合的礼服穿着与搭配，女式礼服款式越发新颖独特，各类丝型面料成了礼服的首选面料，表现出礼服的华贵感、飘逸感与体积感。

1. 华贵感礼服面辅料选择

为表现礼服的华贵绚丽，通常使用有光泽的锦缎或金丝绒等面料，搭配金银丝、绣花、嵌宝、镶钻等装饰，见图4-3-3。

(a) 素绉缎蕾丝礼服　(b) 金丝绒礼服　(c) 嵌金属丝面料礼服

图4-3-3　华贵感礼服

2. 飘逸感礼服面辅料选择

为表现礼服的飘逸、轻盈感，通常使用轻薄透明、柔软悬垂的纱类、纺类、缎类面料，搭配蕾丝、绣花、珠饰等装饰，更能展现浪漫朦胧的美感，见图4-3-4。

3. 体积感礼服面辅料选择

为表现礼服的重量感和体积感，通常使用光滑厚实的缎类面料，或具有硬挺感的面料，以展现礼服的大气与豪华，刺绣和蕾丝同样是常用的装饰手法，见图4-3-5。

(a) 雪纺纱礼服

(b) 烂花绡礼服

图4-3-4　飘逸感礼服

(a) 塔夫绸礼服

(b) 欧根纱礼服

图4-3-5　体积感礼服

■ 辩一辩 ■

1. 礼服分类与面料选择的关系是什么?

2. 礼服常用的面料有哪些？

（二）填写女式晚礼服面辅料选配样卡

根据表4-3-6中的款式图，选配适合参加典礼穿着的晚礼服面辅料，并填写面辅料选配样卡。

表4-3-6　女式晚礼服面辅料选配样卡

款式名称：女式晚礼服		
款式介绍：A字形礼服，V字形领口开至腰围线，无袖、束腰、肩部及胯部有宝石及羽毛等饰品装饰；裙子为双层结构，里层裙摆呈合体花苞形，外饰多层A字形大裙摆		
款式图：		成衣照片： 
面料选配	里层面料：金丝绒 外层面料：欧根纱	面料粘贴
辅料选配	 电力纺（里料）  领钩  “日”字环  人造宝石 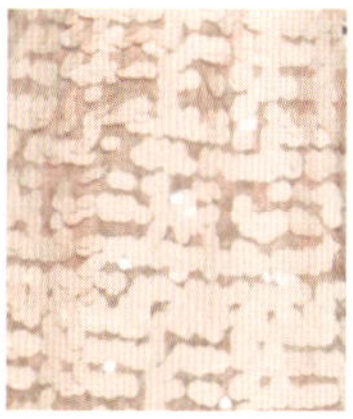 珠片  人造羽毛 其他：50 cm隐形拉链、缝纫线、黏合衬等	
注意事项	1. 金丝绒必须倒毛裁剪 2. 熨烫时注意刺绣、钉珠、镶钻等装饰部位，尽量避开	

■ **练一练** ■

根据表4-3-7中的款式图，为女式宴会礼服选配面辅料，并填写面辅料选配样卡。

表4–3–7　女式宴会礼服面辅料选配样卡

<table>
<tr><td colspan="3">款式名称：女式宴会礼服</td></tr>
<tr><td colspan="3">款式介绍：此款礼服整体造型为T字形，有轻盈飘逸之感；前中开门襟，领口处为缠绕式丝巾样式，短袖，袖山褶裥造型，前腰部通过省道和褶裥收腰，裙摆略收</td></tr>
<tr><td colspan="2" rowspan="2">礼服款式图：
</td><td>面料选配：</td></tr>
<tr><td>面料粘贴</td></tr>
<tr><td>辅料
选配</td><td></td><td>辅料粘贴</td></tr>
<tr><td>注意
事项</td><td colspan="2"></td></tr>
</table>

学习评价

请根据表4-3-8所示评价内容对本任务进行自评。

表4–3–8　评价表

时间	评价内容	是/否
课前	准备充分	
课中	1. 认真思考，积极发表意见	
	2. 掌握丝型面料的基本特点	
	3. 了解经典传统丝型面料风格特点	
	4. 掌握常见丝型面料组织结构及基本用途	
	5. 了解旗袍的基本特点和面辅料选配方法	
	6. 了解女式礼服的基本特点和面辅料选配方法	
课后	保质保量，按时完成作业	

课后拓展

1. 逛一逛面料市场，或通过其他多种途径搜集各类丝型面料，概括其特点并整理面料样卡。

2. 通过网络搜索颁奖典礼中的女士礼服，分析其使用的面料和辅料种类。

3. 尝试设计一款由丝型面料制作的服装，选配合适的面料和辅料，并填入表4-3-9。

表4-3-9　面辅料选配与采购单

款式名称：

款式图：

材料	名称	规格	数量	单价/元	总额/元
面料					
辅料1					
辅料2					
辅料3					
制单人		审核人		小计	

任务四

认识毛型面料常见品种及其运用

学习目标

通过收集各种毛型面料，了解毛型面料的风格特点和常见品种，能根据西服、大衣的特点选配面辅料，制作面辅料选配样卡。

核心知识

服装中最普及、使用量最多的毛纤维是绵羊毛纤维。因此毛型面料通常指的是绵羊毛面料、化纤仿绵羊毛面料及两者的混纺面料。毛型面料既可以给人以柔软、温暖、细腻、典雅的感觉，又可以具备粗犷、成熟、挺括、稳重的风格特点。羊毛面料是一种高档面料，具有优良的抗皱耐磨性和弹性，外观高雅，手感柔软挺括，保暖性好，适合制作西服、大衣、礼服等服装。

能力训练

一、认识毛型面料常见品种

■ 学一学 ■

（一）毛型面料特点

毛型面料指以绵羊毛、山羊绒、兔毛、骆驼毛等动物毛纤维为原料，或以羊毛与其他化纤混纺、交织织造而成的面料。仿毛型化学纤维有涤纶、黏胶、腈纶等短纤维。绵羊毛面料主要有以下特点：

（1）吸湿性居所有纤维之首，因此穿着干爽舒适。

（2）纤维天然卷曲蓬松，含气量大、保暖性好。

（3）弹性、耐磨性非常好。

（4）干态抗皱性好，因此服装保形性好。但由于湿态抗皱性差，洗可穿性差。

（5）染色性能优良，易染色，且色泽鲜艳不易褪色。

（6）会产生缩绒现象。

（7）耐酸不耐碱。

（8）耐虫蛀性、耐日光性均较差。

（9）缩水率较大，裁剪前应预缩。

（二）毛型面料种类

毛型面料习惯上被称为“呢绒”。

1. 根据毛型面料生产工艺及外观特征的不同分类

（1）精纺呢绒：由精梳毛纱经合股后织造而成。面料细密柔软，质地紧密，织纹清晰，富有弹性，克重一般为150 ~ 550 g/m^2，见图4-4-1。主要品种有华达呢、哔叽、啥味呢、凡立丁、派力司、贡呢、驼丝锦、女衣呢和花呢等。

图4-4-1　精纺呢绒

（2）粗纺呢绒：由粗梳毛纱织造成织物后再经缩绒、起毛等工艺加工而成。面料质地厚实，正反面覆盖绒毛，保暖性好，克重一般为450 ~ 800 g/m^2，见图4-4-2。主要品种有麦尔登呢、海军呢、制服呢、法兰绒、粗花呢等。

图4-4-2　粗纺呢绒

（3）长毛绒和驼绒，见图4-4-3。

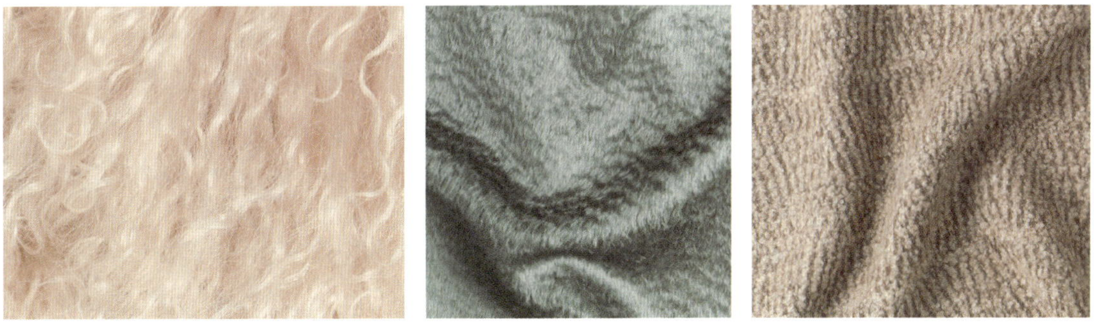

图4-4-3　长毛绒和驼绒

2. 根据面料成分不同分类

（1）全毛面料：以纯绵羊毛或纯山羊绒等织成。

（2）混纺毛面料：毛与合成纤维混纺，可提高其坚牢度和挺括性；但柔软性、吸湿性等会相应下降。毛与人造纤维如黏胶混纺能降低成本。

（3）化纤仿毛面料：以涤纶仿毛和腈纶仿毛为主。

感官法与燃烧法结合使用，可以把全毛面料与另外两者加以区分，见表4-4-1。

表4-4-1　识别全毛、混纺毛、化纤仿毛面料

品种		感官法		燃烧法
		看	摸、捏	
全毛面料	全毛精纺	呢面光滑、织纹清晰、光泽自然柔和	身骨挺括、手感柔软。紧握面料后松开，褶皱较少，能在短时间内消失	烧毛发气味，松脆黑灰
	全毛粗纺	质地厚实、绒面丰满、色光柔和、不露底纹	手感温暖、富有弹性、耐磨性好、悬垂性好	烧毛发气味，松脆黑灰
混纺毛面料	毛涤混纺	有闪光、缺乏柔润感	手感挺括较硬，弹性比全毛面料好。紧握面料后松开，基本无褶皱，但悬垂性不如全毛	随着涤纶含量的增多，烧毛发气味逐渐减弱，部分灰烬不能捻碎
	毛腈混纺	颜色鲜艳、富有毛感、绒面丰满蓬松	手感松软膨松，弹性较差、耐磨性较差	燃烧时伴有辛辣味
	毛黏混纺	质地松散、略粗糙、光泽较暗	弹性较差，易褶皱，悬垂感较差。多为粗纺呢绒	部分灰烬为灰白色软质灰
化纤仿毛面料	涤纶仿毛	织纹清晰、比全毛滑亮、光泽明亮不柔和	弹性极好，穿着过程中易产生静电	硬质灰烬，不能捻碎

（三）常见羊毛面料

1. 精纺呢绒

精纺呢绒均可用作西服、夹克、风衣、西裤等服装的面料，但厚度不同，适合季节也不同。根据面料厚度，将精纺呢绒分为轻薄型（表4-4-2）、中薄型（表4-4-3）和中厚型（表4-4-4）三大类。轻薄型精纺呢绒克重一般小于190 g/m^2，适合制作春夏季服装；中薄型精纺呢绒克重为190 ~ 290 g/m^2，适合制作春秋季服装；中厚型精纺呢绒克重一般大于290 g/m^2，适合制作秋冬季服装。

表4-4-2　轻薄型精纺呢绒

凡立丁	派力司	薄花呢（条/格）
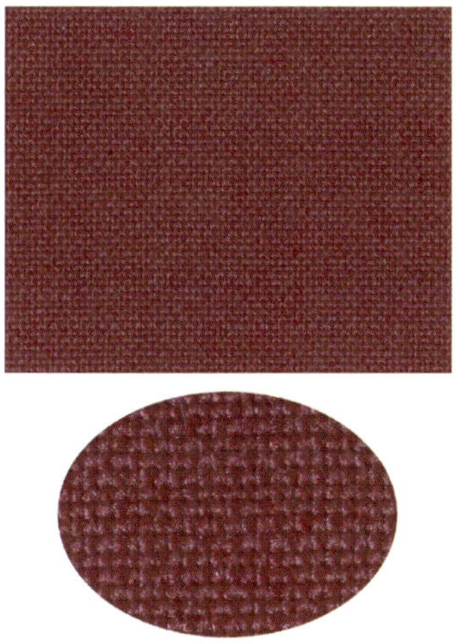		
精纺呢绒中密度最小的面料。经纬向均为单色双股线，纱线较细、捻度较大，采用平纹组织织造而成，以浅色为主。面料质地细洁、轻薄滑爽，呢面细孔清晰均匀	精纺呢绒中最轻薄的品种之一，采用混色精梳股线、平纹组织织造而成。表面有不规则雨丝状条痕，以浅灰、中灰色为主。面料质地轻薄、手感滑爽、柔软有弹性、挺括抗皱	经纬纱捻度较大，多采用平纹组织。以有色股线织成细致条格花纹或以不同捻向交替排列织出隐条隐格效果。面料质地轻薄、手感滑爽、抗皱性好

表4-4-3　中薄型精纺呢绒

哔叽	华达呢	板司呢

经纬向均采用双股线织造。经密略大于纬密，斜纹组织，倾斜角度约50°，斜纹间隔宽且平坦，经纬纱形成“└”形。手感柔软丰糯，呢面比华达呢平整，但比华达呢松	采用双股线、斜纹组织织造而成。经密约为纬密的2倍，倾斜角度约60°，斜纹清晰、立体感强，正面几乎看不到纬纱。手感比哔叽结实挺括	采用染色股线、方平组织织造的精纺花呢类面料。表面有小格子花纹，织纹清晰。手感挺括，风格雅致

表4–4–4　中厚型精纺呢绒

啥味呢	贡呢	驼丝锦

经过轻缩绒处理的精纺呢绒，采用混色精梳毛纱、2上2下斜纹组织织造而成。倾斜角度约45°，纹路间隔宽且平坦，表面覆盖短小匀称绒毛，略露底纹。手感丰满	采用缎纹组织，是精纺呢绒中密度最大的传统高级品种。根据组织结构不同可分为直贡呢和横贡呢，直贡呢表面织纹75°，横贡呢织纹15°。面料细洁平滑光亮，身骨紧密，呢身厚实。手感柔滑活络	经纬纱线细且密度大，采用缎纹变化组织，表面织纹清晰、紧密细致。正面人字纹与直条纹间隔排列，具有独特风格，反面平坦近似平纹，制作时通常作为服装的正面

2. 粗纺呢绒

粗纺呢绒较厚实，且正反面均有绒毛，保暖性好，可以制作秋冬季夹克、大衣等，具体品种见表4–4–5。

表4–4–5　粗纺呢绒

麦尔登	海军呢
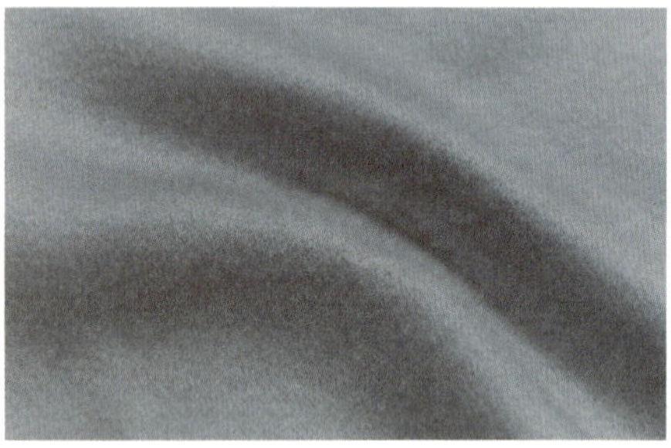	
采用斜纹组织织造，表面有细密的绒毛，不露底纹。布身细洁平整、身骨挺实、手感柔软富有弹性，耐磨性好，不起球，保暖性好，是高档粗纺呢绒	采用斜纹组织织造，表面有细密绒毛，不露底纹。布身细洁平整，耐磨性好，基本不起球，保暖性强，是中高档粗纺呢绒

续表

粗花呢 	钢花呢 
利用两种及以上单色纱、混色纱、合股夹色线、花式线、夹金银丝线等，织成人字纹、条纹、格纹、星点等的花式粗纺毛织物	属于粗花呢的一种。因深色面料表面散布着红、黄、蓝、绿等色彩斑斓的彩点，像钢花四溅而得名，风格独特
法兰绒 	大衣呢 
混色粗梳毛纱织制的、具有夹花风格的平纹粗纺毛织物。表面有一层丰满细洁的绒毛覆盖，不露底纹。手感柔软平整，比麦尔登稍薄	采用粗梳毛纱织制的厚重型粗纺呢绒。品种丰富、花色多样，且根据原料不同有高、中、低档之分。部分大衣呢绒毛有倒顺，裁剪时要注意顺毛排料
顺毛大衣呢 	双面羊绒大衣呢（两层结构） 
表面经过拉毛或剪毛处理，有绒毛覆盖且不露底纹。由于其表面的绒毛是顺着一个方向倾斜的，所以称为顺毛呢。裁剪时同样须注意顺毛排料	两面均有顺向绒毛的大衣呢，质地轻软保暖，面料两面外观完全相同（两面异色也可），均可作为正面使用。由于双面呢特殊的两层结构，一般不添加里布，而是把缝头藏入两层之间，使服装更加轻薄时尚

■ 辩一辩 ■

1. 绵羊毛面料的特点有哪些？

2. 常见毛型面料有哪些?

3. 精纺呢绒和粗纺呢绒常见品种的特点有哪些?

4. 如何区分以下三组容易混淆的面料：凡立丁和派力司、哔叽和华达呢、直贡呢和驼丝锦。

■ 练一练 ■

收集毛型面料，简单描述面料特点，制作样卡。

附：面料样卡

面 料 样 卡

名称：直贡呢

成分：100% 羊毛

纱支：$16.8^S + 16.7^S$

密度：520 × 280 根/10 cm

克重：281.3 g/m^2

幅宽：55/56 in

组织结构：缎纹

用途推荐：西服、风衣、夹克等

制作人：__________ 制作时间：__________

二、制作商务西服面辅料样卡

■ 学一学 ■

（一）商务西服面料的特点与运用

商务西服，尤其是男西服款式应稳重高雅，因此在选择面辅料时必须考虑严谨端庄的服装风格，见图4-4-4。

图4-4-4 商务男西服

商务西服款式造型大方、做工精致，用料讲究。西服面料以挺括且有弹性的全毛精纺、毛涤混纺或涤纶仿毛为主，如凡立丁、派力司、哔叽、华达呢、驼丝锦等，颜色一般为黑、深藏青、各种中性灰等素色或隐条隐格面料，见图4-4-5。

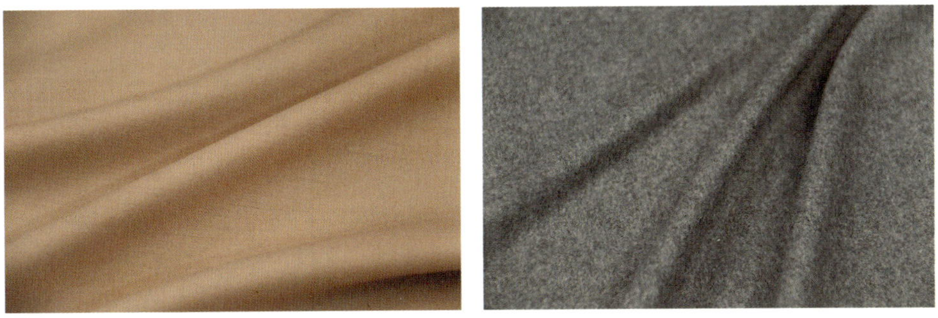

图4-4-5　商务西服用全毛面料

（二）商务西服辅料的选配

1. 里料

质地紧密、轻薄滑爽的合成纤维和人造纤维里料为首选，如尼丝纺、醋酯绸、铜氨绸等。部分夏季西服为了使服装更透气凉爽，往往采用半里式工艺，里料可以选择薄型的人造纤维和棉布面料。

2. 衬垫

为使西服外观挺括，除使用抗皱性好、弹性好的面料之外，还需要使用多种衬料来保证服装的造型，并弥补人体体型的不足。其中，包括垫肩、挺胸衬、袖山衬等。

3. 纽扣

大多使用四眼树脂扣，光泽自然、耐洗涤、耐高温，且门襟和袖口处均有纽扣，形状颜色完全相同，区别在于门襟处纽扣略大，袖口处略小。

4. 缝纫线

中低档西服可选用普通603涤棉缝纫线，高档西服可选用丝线。

■ 辩一辩 ■

1. 列举可制作商务西服的面料的名称和材质。

2. 列举可制作商务西服的里料的名称和材质。

（三）填写商务西服面辅料选配样卡

根据表4-4-6中的款式图，选配适合春秋季穿着商务西服的面辅材料，并填写面辅料选配样卡。

表4-4-6　商务西服面辅料选配样卡

<table>
<tr><td colspan="3">款式名称：男商务西服</td></tr>
<tr><td colspan="3">款式介绍：平驳西装领、单排纽、合体H形。前片大袋为双嵌线有袋盖挖袋，左右对称，左胸有手巾袋。左驳头插花眼一个，门襟钉两粒纽。腰节处收胸省及胁省，胁省为通底省，有肚省，后片中间开背缝，两侧背衩，止口圆角。袖型为圆装两片袖，袖口处开衩，钉装饰纽左右各3粒</td></tr>
<tr><td colspan="2">成衣照片：
</td><td>款式图：
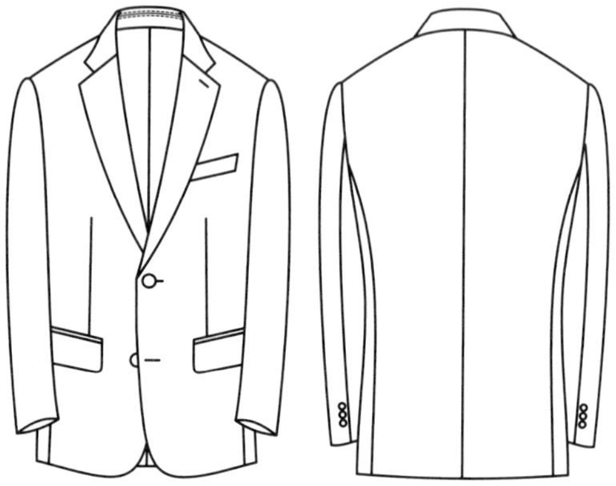</td></tr>
<tr><td>面料
选配</td><td>面料名称：哔叽
组织结构：斜纹组织
面料成分：100%羊毛
风格特征：素色，质地细腻，手感柔软丰糯，表面呈现宽平50°斜纹</td><td>面料粘贴</td></tr>
<tr><td>辅料
选配</td><td>1. 里料：铜氨绸，100%铜氨丝
2. 配色缝纫线
3. 有纺黏合衬
4. 胸衬、垫肩、袖山衬等
5. 2粒34 L纽扣+1粒备扣，6粒24 L纽扣+1粒备扣</td><td>辅料粘贴</td></tr>
<tr><td>注意
事项</td><td colspan="2">1. 裁剪时注意区分面料正反面，正面为“撇”状斜纹
2. 全毛面料应提前做好预缩</td></tr>
</table>

■ 练一练 ■

参考表4-4-6商务西服面辅料选配样卡，选择一款女式休闲西服，制作一份面辅料选配样卡，并填入表4-4-7。

表4-4-7　女式休闲西服面辅料选配样卡

款式名称：		
款式介绍：		
款式图：		面料选配：
		面料粘贴
辅料选配		辅料粘贴
注意事项		

三、制作呢绒大衣面辅料样卡

■ 学一学 ■

（一）大衣的分类与面料选配

大衣是一种穿在最外层的、厚实保暖的秋冬季服装。大衣适用面料丰富，大多使用厚型面料，如粗纺呢绒或裘皮；若使用较薄的面料，为保证其保暖性，可在面、里料之间填充其他保温材料。据此，将大衣分为呢绒大衣、裘皮大衣、羽绒大衣、棉大衣等，见图4-4-6。

1. 呢绒大衣

使用厚实的粗纺呢绒制作而成，如麦尔登、海军呢、粗花呢、大衣呢、法兰绒等。

2. 裘皮大衣

使用天然裘皮面料制作而成，如貂皮、狐皮、貉子皮等。

(a) 呢绒大衣

(b) 裘皮大衣

(c) 羽绒大衣

(d) 棉大衣

图4-4-6　大衣

3. 羽绒大衣

使用涤纶或锦纶等细腻紧密、坚牢耐磨，且经防钻绒处理的面料，如春亚纺、尼龙纺、涂层府绸、涂层贡缎等，中间填充鸭绒或鹅绒。优点是成衣轻盈、保暖。

4. 棉大衣

除春亚纺等羽绒大衣面料外，还可使用中厚型棉布，如卡其、牛仔布等面料，也可使用锦类、缎类面料，中间填充物为棉絮、腈纶棉等。

（二）大衣辅料的选配

1. 里料

一般大衣里料可选用美丽绸、尼丝纺等再生纤维和合成纤维的长丝型布料，高档大衣里料可选用电力纺、斜纹绸等。

2. 填料

中高档的有鸭绒、鹅绒、丝绵等，中低档的有棉絮、腈纶棉等。

3. 纽扣

大衣面料厚实，使用纽扣相应较大，型号一般为38 ～ 48 L。

■ 辩一辩 ■

1. 列举可制作大衣的面料名称。

2. 列举可制作大衣的里料名称。

（三）填写呢绒大衣面辅料选配样卡

根据表4-4-8中的款式图，选配适合秋冬季节、日常穿着的呢绒大衣面辅料，并填写面辅料选配样卡。

表4-4-8　呢绒大衣面辅料选配样卡

款式名称：H形长款贴袋呢绒大衣		
款式介绍：较宽松H形长款大衣，肩略宽，衣长至膝下。小圆角关门领，领座有分割。盖门襟，平下摆，3组牛角扣。前后肩部均有护肩，前身腰下左右各一个大贴袋。圆装两片袖，袖口装袖襻		
成衣照片： 		款式图： 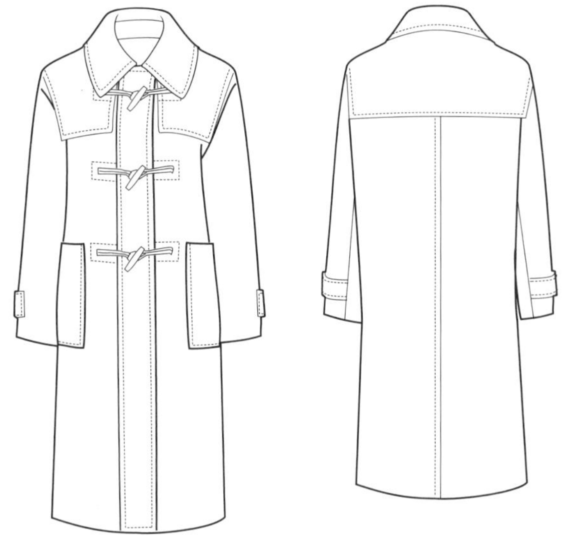
面料选配	面料名称：麦尔登 组织结构：斜纹组织 面料成分：100%羊毛 风格特征：表面有密集绒毛，基本不露底纹，质地细腻，手感丰厚软糯，保暖性好	面料粘贴
辅料选配	1. 里料：美丽绸，100%有光黏胶丝 2. 配色缝纫线 3. 绳（扣襻） 4. 3组牛角扣 5. 垫肩 6. 2粒24 L四眼扣（袖襻处）	辅料粘贴
注意事项	美丽绸缩水率较大，裁剪前需预缩	

■ **练一练** ■

参考表4-4-8呢绒大衣面辅料选配样卡，另选一款女式大衣，制作一份面辅料选配样卡，并填入表4-4-9。

表4-4-9 女式大衣面辅料选配样卡

<table>
<tr><td colspan="3">款式名称：</td></tr>
<tr><td colspan="3">款式介绍：</td></tr>
<tr><td colspan="2" rowspan="2">款式图：</td><td>面料选配：</td></tr>
<tr><td>面料粘贴</td></tr>
<tr><td>辅料
选配</td><td></td><td>辅料粘贴</td></tr>
<tr><td>注意
事项</td><td colspan="2"></td></tr>
</table>

学习评价

请根据表4-4-10所示评价内容对本任务进行自评。

表4-4-10 评价表

时间	评价内容	是/否
课前	准备充分	
课中	1. 认真思考，积极发表意见	
	2. 掌握毛型面料的基本特点	
	3. 了解精纺呢绒和粗纺呢绒风格特点	
	4. 掌握常见毛型面料组织结构、风格特点和基本用途	
	5. 了解商务西服的基本特点和面辅料选配方法	
	6. 了解大衣的基本特点和面辅料选配方法	
课后	保质保量，按时完成作业	

课后拓展

1. 逛一逛面料市场，或通过其他多种途径搜集各类毛型面料，概括其特点并整理面料样卡。

2. 通过线下实体店或各平台网店，了解各价位商务西服（男单西服、非定制）的面料材质，并填入表4-4-11。

表4-4-11 商务西服价格与面、里料材质调研表

信息来源	品牌	价格区间/元	售价/元	面料材质	里料材质
		500以下			
		500 ~ 1 000			
		1 000 ~ 2 000			
		2 000以上			

3. 尝试设计一款由毛型面料制作的服装，选配合适的面料和辅料，填入表4-4-12。

表4-4-12 面辅料选配与采购单

款式名称:					
款式图:					
材料	名称	规格	数量	单价/元	总额/元
面料					
辅料1					
辅料2					
辅料3					
制单人		审核人		小计	

任务五

认识化纤面料常见品种及其运用

学习目标

通过收集各种化纤面料，了解化纤面料的风格特点和常见品种，能根据登山服、体操服的特点选配面辅材料，制作面辅料选配样卡。

核心知识

化纤面料种类繁多，大多具有强度高、弹性好、成本低、易打理等优点，使用范围很广。随着技术的发展，化纤面料不但可以仿制天然纤维面料的外观和手感，还能改善天然纤维面料的部分缺点。

能力训练

一、认识化纤面料常见品种

■ 学一学 ■

（一）化纤面料分类

化纤面料可分为人造纤维面料和合成纤维面料两大类。其中，人造纤维面料以黏胶面料为主，还有天丝面料、铜氨面料、醋酯面料等；合成纤维面料主要有涤纶面料、锦纶面料、腈纶面料等。化纤面料根据面世的时间又可分为传统化纤面料和新型化纤面料。

（二）传统化纤面料特点

1. 黏胶面料

黏胶面料是指使用黏胶长丝或短纤维织造的面料，见图4-5-1。黏胶面料主要有以下特点。

（1）吸湿性好，居化纤面料之首，穿着舒适透气。

（2）染色性能好，色泽艳丽。

（3）悬垂性好，手感柔软。

（4）耐碱不耐酸，耐日光性与棉织物相似。

（5）弹性差、易褶皱，服装保形性差，缩水率较大，裁剪前应预缩。

不同粗细、长度的黏胶短纤维可以织造仿棉、仿毛型面料，如人造棉，可以制作夏季服装；黏胶长丝可以织造仿丝型面料，如美丽绸等，通常作为服装的里料。

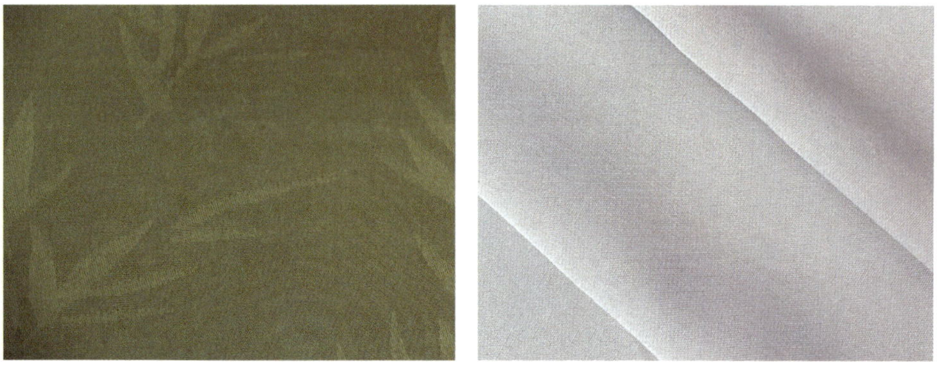

图4-5-1 黏胶面料

2. 涤纶面料

涤纶纤维学名聚酯纤维，是使用量最大的化学纤维，见图4-5-2。涤纶面料主要有以下特点。

（1）具有可热塑性。

（2）强度高、弹性好，抗皱性和保形性好、坚牢耐用。

（3）易洗、快干，洗可穿性能好。

（4）耐酸碱性好。

（5）吸湿和透气性差，易带静电，染色性较差。

涤纶纤维可仿棉、仿麻、仿丝、仿毛等面料的手感和外观，适用于制作各种服装。常见品种有：涤丝纺、春亚纺、涤纶仿麻面料、摇粒绒、中长花呢等。与毛、棉、麻等混纺，能提高面料抗皱性与耐用性，如涤毛花呢、的确良等。

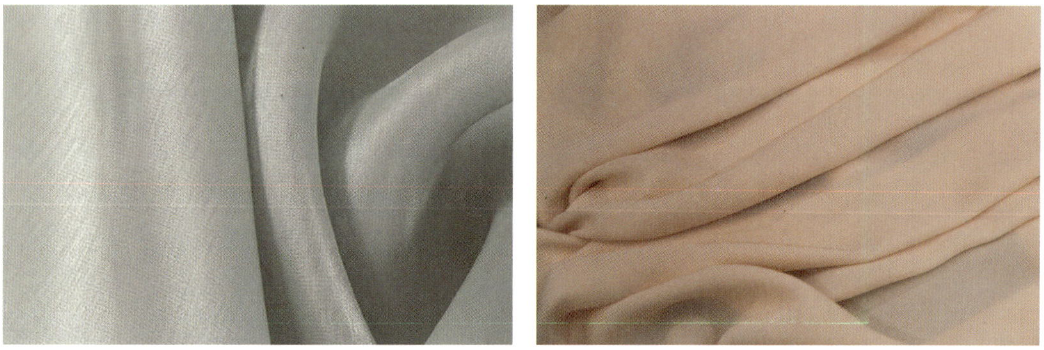

(a) 涤纶仿麻面料　(b) 涤纶仿丝面料

图4-5-2 涤纶面料

3. 锦纶面料

锦纶面料产量仅次于涤纶面料，主要有以下特点：

（1）耐磨性好，居所有面料之首，耐用性极佳。

（2）吸湿性在合成纤维中较好，质轻、弹性以及弹性回复性很好。

（3）耐热性和耐光性较差。

锦纶面料是羽绒服、登山服、箱包、帐篷的首选，主要品种有锦纶塔夫绸、塔丝隆、尼龙牛津纺、尼丝纺等，见图4-5-3。锦纶纤维也经常与其他纤维混纺或交织，以提高面料的坚牢度。

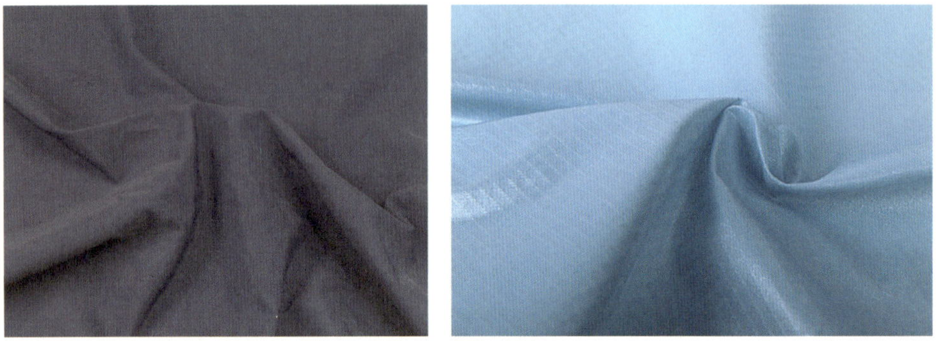

图4-5-3　锦纶面料

4. 腈纶面料

腈纶面料主要有以下特点：

（1）耐光性好，居各类纤维面料之首。

（2）柔软、蓬松，弹性好，保暖性好，易洗、快干，质轻，仅次于丙纶。

（3）耐磨性是合成纤维面料中最差的，吸湿性较差。

腈纶纤维可以纯纺，也常与羊毛纤维混纺织成毛型面料，适用于制作女装外套、户外服装、运动服等，如腈纶花呢、腈黏华达呢、毛腈大衣呢、腈纶大衣呢、腈纶花呢等，见图4-5-4。

图4-5-4　毛腈混纺面料

（三）新型化纤面料特点

1. 天丝纤维面料

天丝是一种再生纤维素纤维，由其织造的面料主要有以下特点。

（1）吸湿透气性好，抗静电，强度高。

（2）光泽自然，颜色鲜艳，手感柔软，悬垂性好。

（3）无论在干或湿的状态下，都极具韧性。

天丝适用范围广，几乎可以涵盖纺织各个领域，无论是棉、麻、丝、毛类产品，还是针织或机织领域都可以生产出优质高档的产品，见图4-5-5。

2. 竹纤维面料

竹纤维是以竹子为原料的再生纤维素纤维，由其织造的面料主要有以下特点。

（1）手感柔软滑爽，染色性好，有韧性。

（2）具有良好的吸、放湿性能，夏季穿着体感清凉。

（3）具有天然抗菌、抑菌、防臭、抗紫外线等功能。

竹纤维面料可制作毛巾、家具纺织品、春夏服装等，见图4-5-6。

图4-5-5　天丝纤维面料

图4-5-6　竹纤维面料

3. 大豆纤维面料

大豆纤维是以浸出过油的大豆废粕为原料，利用生物工程新技术制成的再生植物蛋白纤维。大豆纤维纯纺或与毛、丝、棉、麻、涤纶等纤维混纺、交织的新型面料，具有良好的光泽，类似羊绒的轻柔软糯手感，优于棉的保暖性，亲肤抗菌，导湿透气性和染色性好等优点，适用于制作高档服装及家用纺织品，见图4-5-7。

4. 其他新型化纤面料

甲壳素纤维面料可用于制作保健内衣、婴儿服装、医用纺织品等，见图4-5-8。玉米纤维面料可用于制作保暖内衣、运动服装等。石墨烯面料可用于制作抗菌抗静电内衣等。

图4-5-7　大豆纤维面料

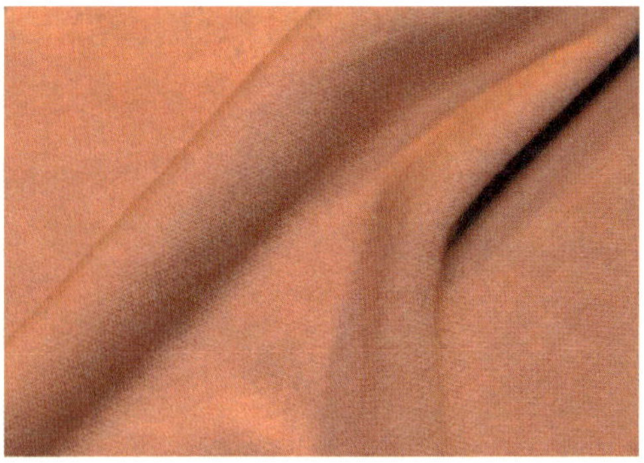

图4-5-8　甲壳素纤维面料

（四）常见化纤面料

化纤面料种类非常多，性能各异，见表4-5-1。

表4-5-1　常见化纤面料

人造棉	富春纺	美丽绸

以普通黏胶短纤维织造的平纹仿棉型面料。质地细腻、色泽艳丽、手感滑爽，具有良好的吸湿透气性和悬垂性，价格便宜。缺点是缩水率大、湿强低、保形性差、耐穿性差。可用于制作夏季衣裙、家居服等	以人造丝与人造棉交织的平纹面料。具有手感柔软滑爽、色泽鲜艳、吸湿性好、穿着舒适等优点。常用于制作夏季女装、童装，也可用作冬季棉衣或被面	采用有光人造丝织造的斜纹面料。面料正面光亮平滑，斜纹纹路清晰，手感滑爽柔软，色彩丰富。常用作服装里料
春亚纺	涤纶雪纺	色丁

以涤纶长丝织成的平纹面料。春亚纺面料有很多种规格，密度低的适合做羽绒服或棉服的里料；密度高的防钻绒性、防水性更好，可用作羽绒服面料。具有手感柔软滑爽、不易撕裂、光泽亮丽、不易褪色等特点	仿丝型的涤纶长丝面料。具有表面细腻平整，手感柔软，质地轻薄飘逸，弹性好，颜色鲜艳，耐晒、洗可穿性好等优点。适宜制作夏季女装	涤纶长丝织造的仿丝型缎纹面料，也称五美缎或五枚缎。正面光滑明亮，反面略黯淡，具有光泽感强、悬垂性好等特点。宜制作女式中低档礼服或舞台服装、中低档礼品包装盒内饰等

续表

涤纶华达呢	丝光莱卡	醋酸缎
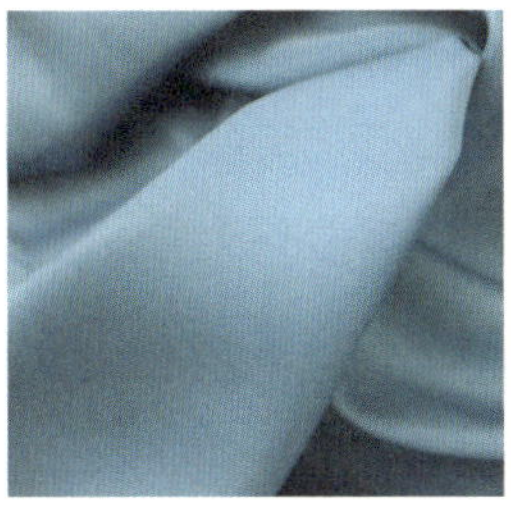		
采用涤纶中长纤维织造的仿毛面料。外观与纯毛华达呢相似，呢面光洁平整、纹路清晰挺直，颜色纯正鲜艳富有光泽，手感挺括，抗皱性好、保形性好，价格较低。可用于制作低档西服、工作服、夹克等	涤纶有光长丝包氨纶弹力丝，采用经编组织织造而成。面料表面光泽好，弹性回复力强，手感柔软顺滑，细腻轻薄，吸湿排汗性能好，抗紫外线。可用于制作紧身高弹运动服、游泳衣等	采用醋酯纤维织造的仿丝型缎纹组织。优点是外观光滑，手感柔软，色泽鲜艳，悬垂性好；缺点是褶裥造型难以长期保持，并易产生静电。可用于制作裙装、衬衫等
尼丝纺	塔丝隆涂层面料	毛/腈混纺女衣呢
		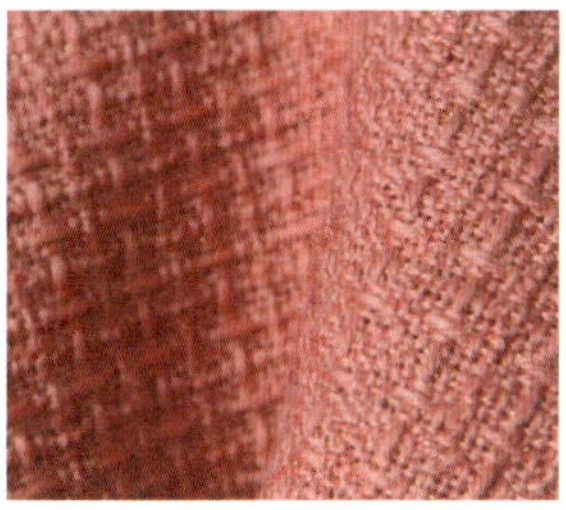
锦纶长丝织制的平纹仿丝面料。涂层尼丝纺不透风、不透水，且具有防钻绒性。面料手感柔软光滑。可作羽绒服、登山服、睡袋面料	锦纶长丝和锦纶空气变形丝织成的面料。运用涂层技术，在面料单侧涂防水透气层，使面料具有防水防风功能。面料手感柔软穿着舒适，保暖性好，色泽亮丽，耐磨性能好。可用于制作羽绒服、登山服等	由羊毛与腈纶混纺纱织造。兼有两种纤维优点，具有抗皱性好、坚牢耐用、色彩鲜艳、手感柔软、毛感强、保暖性好、悬垂性好等特点。可用于制作春秋季中低档女套装或童装

■ **辩一辩** ■

常见化纤面料有哪几种？分别有哪些风格特点？

■ **练一练** ■

收集化纤面料，简单描述面料特点，制作样卡。

附：面料样卡

面 料 样 卡

名称：锦纶速干布
成分：100% 锦纶
纱支：50D + 40D
密度：750 × 420 根 /10 cm
克重：65 g/m^2
幅宽：55/56 in
组织结构：平纹
用途推荐：春夏季运动服等

制作人：________ 制作时间：________

二、制作登山服面辅料样卡

■ 学一学 ■

登山服俗称“冲锋衣”，是户外休闲运动装。登山服具有防风防雨、质轻耐磨、穿着舒适、便于活动等优点。

（一）登山服面料的特点与运用

常选用具有紧密轻盈、防风拒水、御寒保暖的复合型面料制作登山服。复合面料从面料层次上可分为两种：一种是三层复合面料，外层为耐磨的涤纶或锦纶机织面料，中间层为防水的热塑性聚氨酯弹性体橡胶（TPU）/ 聚四氟乙烯（PTFE），内层为保暖的针织或机织面料；另一种是两层复合面料，是指外层面料和内层 TPU/PTFE。两层复合面料比三层复合面料稍柔软。

（二）登山服辅料的选配

1. 里料

选用滑爽透气、易穿脱、耐磨性好的布料，如尼龙绸或网眼布等。

2. 拉链

为满足防水需求，门襟采用密封性好的防水尼龙拉链。

3. 扣紧类

为满足保暖性需求，登山服的袖口、裤口采用宽松紧带，并配以尼龙搭襻；腰部、下摆、帽檐采用较细圆松紧带和弹簧绳扣。登山服的口袋多且大，需有袋盖 + 尼龙搭襻或装防水拉链，防止口袋内物品掉落。

4. 密封类

为提高防渗水性，登山服所有的拼接缝处应使用不易脱胶的无缝密封压胶条。

5. 其他

登山服中气眼、插扣、织带等辅料使用也很多，总的选用原则是使用方便、穿戴安全、坚牢耐用。

（三）填写登山服面辅料选配样卡

根据表4-5-2中的款式图，选配登山服的面辅料，并填写面辅料选配样卡。

表4-5-2　登山服面辅料选配样卡

<table>
<tr><td colspan="3">款式名称：登山服</td></tr>
<tr><td colspan="3">款式介绍：较宽松款，里层可脱卸式登山服。立领、前中装拉链、盖门襟、三片式可拆卸防风帽、插肩袖。前后片育克分割设计，侧缝和袖子做拼色设计，前片分割线处设插袋并装防水拉链。袖口装松紧带、袖口襻加魔术贴。帽檐和下摆细松紧带抽绳设计</td></tr>
<tr><td colspan="2">成衣照片：
</td><td>款式图：
</td></tr>
<tr><td>面料
选配</td><td>面料名称：塔丝隆涂层面料、摇粒绒
面料组织结构：平纹组织
面料成分：100%涤纶
风格特征：外观光亮、手感光滑、防风防水、耐用性好</td><td>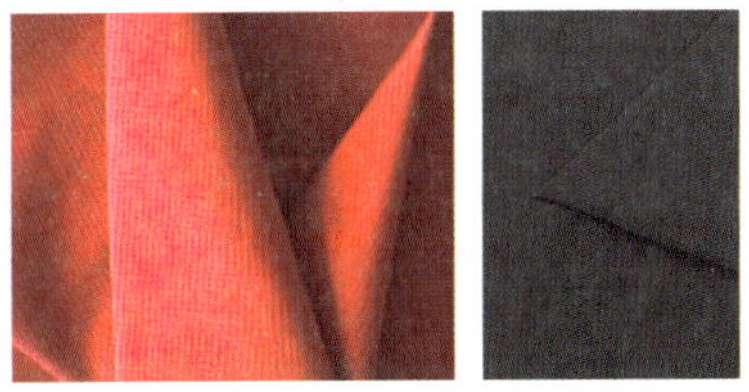</td></tr>
<tr><td>辅料
选配</td><td>里料：尼丝纺
配色缝纫线，无缝压胶条、防水拉链1根、3 cm宽松紧带若干、圆松紧带若干、2 cm宽魔术贴2对、金属四合按扣2副、金属气眼4个、弹簧绳扣2个</td><td></td></tr>
<tr><td>注意
事项</td><td colspan="2"></td></tr>
</table>

■ 练一练 ■

参考表4-5-2登山服面辅料选配样卡，选择一款羽绒服，制作一份面辅料选配样卡，并填入表4-5-3。

表4-5-3 羽绒服面辅料选配样卡

<table>
<tr><td colspan="3">款式名称：</td></tr>
<tr><td colspan="3">款式介绍：</td></tr>
<tr><td colspan="2" rowspan="2">款式图：</td><td>面料选配：</td></tr>
<tr><td>面料粘贴</td></tr>
<tr><td>辅料
选配</td><td></td><td>辅料粘贴</td></tr>
<tr><td>注意
事项</td><td colspan="2"></td></tr>
</table>

三、制作体操服面辅料样卡

■ 学一学 ■

（一）体操服的特点与面料运用

体操运动既有激烈的竞技性又有优美的艺术性。相应的体操服不但要展现运动员的优美身姿，还要便于竞技动作完成，保证运动员做大幅度动作时不约束肢体。因此体操服应选择轻薄透气，并且具有良好的延伸性和回弹性、颜色鲜艳的面料。体操服常选用涤纶+氨纶、锦纶+氨纶为原料织成的针织弹力面料，如弹力丝绒、丝光莱卡等。

（二）体操服辅料的选配

1. 里料

体操服里料用量较少，一般在前胸、后背、裆底等处需要添加柔软、吸湿、透气的布料，如以纯棉、牛奶丝、甲壳素纤维等为原料的纬平针织布。

2. 拉链

体操服采用高弹面料，不用安装拉链，但款式设计时应考虑穿脱方便；健美操服等可使用低弹面料，一般安装隐形拉链。

3. 装饰类

为提高体操服的观赏性，可在面料上加以装饰，如烫金、花边、缎带、缀片、珠子等。花边和缎带的选用以质地轻薄，柔软有弹性为原则；缀片、珠子应不易脱落。

（三）填写体操服面辅料选配样卡

根据表4-5-4中的款式图，选配体操服的面辅料，并填写面辅料选配样卡。

表4-5-4　体操服面辅料选配样卡

<table>
<tr><td colspan="3">款式名称：体操服</td></tr>
<tr><td colspan="3">款式介绍：紧身连衣裤，无领无袖，流线型设计。在侧面腰部和前胸以珠片装饰，下摆网纱花边装饰</td></tr>
<tr><td colspan="2">成衣照片：
</td><td>款式图：
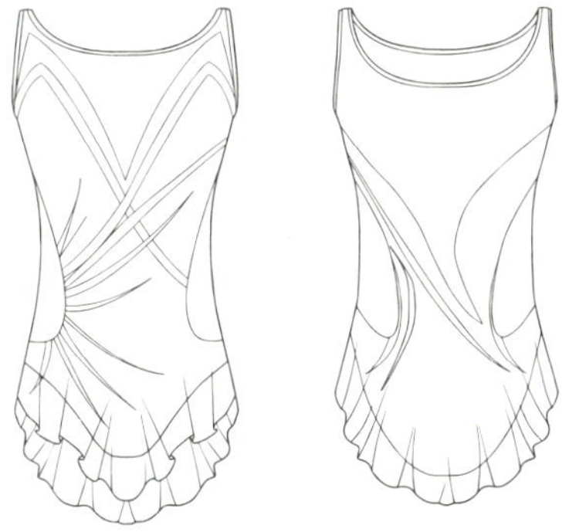</td></tr>
<tr><td>面料
选配</td><td>面料名称：① 锦氨纶网纱布，② 丝光莱卡
组织结构：① 网眼地组织，② 经编弹力
面料成分：① 80%锦纶　20%氨纶，② 80%锦纶　20%氨纶
风格特征：① 薄透、手感软顺滑、垂感好、双向弹力；② 手感柔软滑爽透气、双向弹力好</td><td> </td></tr>
<tr><td>辅料
选配</td><td>1. 里料：纯棉汗布
2. 配色缝纫线
3. 缀片、珠子</td><td>辅料粘贴</td></tr>
<tr><td>注意
事项</td><td colspan="2"></td></tr>
</table>

■ 练一练 ■

参考表4-5-4体操服面辅料选配样卡，选择一款健美操服，制作一份面辅料选配样卡，并填入表4-5-5。

表4-5-5 健美操服面辅料选配样卡

<table>
<tr><td colspan="3">款式名称：</td></tr>
<tr><td colspan="3">款式介绍：</td></tr>
<tr><td colspan="2" rowspan="2">款式图：</td><td>面料选配：</td></tr>
<tr><td>面料粘贴</td></tr>
<tr><td>辅料选配</td><td></td><td>辅料粘贴</td></tr>
<tr><td>注意事项</td><td colspan="2"></td></tr>
</table>

学习评价

请根据表4-5-6所示评价内容对本任务进行自评。

表4-5-6 评价表

<table>
<tr><th>时间</th><th>评价内容</th><th>是/否</th></tr>
<tr><td>课前</td><td>准备充分</td><td></td></tr>
<tr><td rowspan="5">课中</td><td>1. 认真思考，积极发表意见</td><td></td></tr>
<tr><td>2. 了解化纤面料的基本特点</td><td></td></tr>
<tr><td>3. 了解常见化纤面料的风格特点和基本用途</td><td></td></tr>
<tr><td>4. 了解登山服的基本特点和面辅料选配方法</td><td></td></tr>
<tr><td>5. 了解体操服的基本特点和面辅料选配方法</td><td></td></tr>
<tr><td>课后</td><td>保质保量，按时完成作业</td><td></td></tr>
</table>

课后拓展

1. 逛一逛面料市场，寻找常见化纤面料，概括其特点并整理面料样卡。

2. 查找资料，了解还有哪些功能性服装面料?

3. 尝试设计一款由化纤面料制作的服装，选配合适的面料和辅料，填入表4-5-7。

表4-5-7　面辅料选配与采购单

款式名称:					
款式图:					
材料	名称	规格	数量	单价/元	总额/元
面料					
辅料1					
辅料2					
辅料3					
制单人		审核人		小计	

任务六

认识针织面料常见品种及其运用

学习目标

通过收集各种针织面料，了解针织面料的风格特点和常见品种，能根据卫衣、家居服的特点选配面辅材料，制作面辅料选配样卡。

核心知识

在服装面料中，除人们比较熟悉的机织面料外，还有针织面料。21世纪是彰显个性着装的时代，也是崇尚自然健康着装的时代。尽管时尚潮流无时无刻不在变化，但人们对服装舒适度的要求却始终不变。针织面料就是由于其绝佳的舒适性，融入人们日常生活，产量逐年攀升。

不同原料和组织的针织物能体现不同服装的款式特点，因此设计针织服装时，同样须根据服装品类、风格选择面料。例如，普通内衣应选择吸汗、透湿、柔软舒适的由天然纤维织造的平针或罗纹针织面料；装饰内衣除了要考虑舒适性，还要考虑面料的审美特征，选择经编衬纬花色针织面料；外衣应选择尺寸稳定性好、比较挺括的针织面料。

能力训练

一、认识针织面料常见品种

■ 学一学 ■

（一）针织面料特点

针织面料由纱线弯曲互相串套而成的，因线圈串套方式不同，可构成不同组织、不同风格的针织面料。针织面料可以应用形形色色的纱线原料，可以采用多种多样的组织结构，可以采用各类后整理方法，形成丰富多彩的肌理效果，见图4-6-1。与机织面料相比，针织面料手感更柔软、更吸湿透气、更富有弹性。

（二）针织面料种类

针织面料根据其纱线排列方向分为纬编面料与经编面料两大类。纬编面料质地柔软，具有较大的延伸性、弹性以及良好的透气性，但挺括度和稳定性不及经编面料。经编面料具有纵向尺寸稳定性好、外观较挺括、脱散性小、不会卷边、透气性好等优点，横向延伸性和柔软性不如纬编面料。针织面料还可以进行拉绒、植绒、烫金等后整理，见图4-6-2。

(a) 段染竹节纱/纬平组织

(b) 提花组织

(c) 挑孔组织/串珠

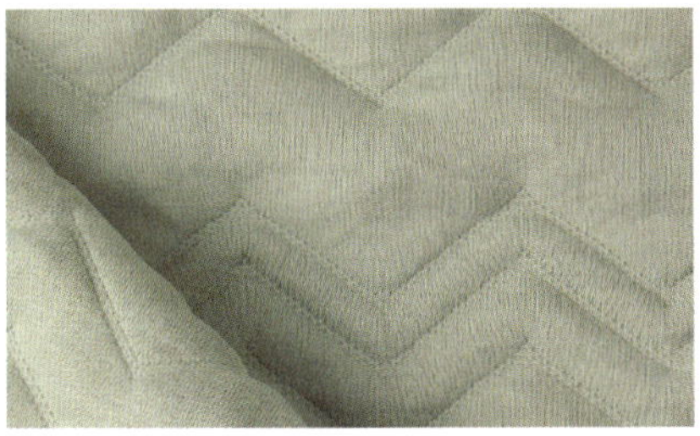

(d) 绗缝

(e) 变化组织

(f) 变化起绉组织

图4-6-1　多样的针织面料组织和肌理效果

(a) 纬平组织/印花

(b) 纬平组织/印花/反面拉绒

(c) 烫金

(d) 烂花

图4-6-2　多样的针织面料后整理效果

（三）常见针织面料

1. 薄型针织面料

薄型针织面料通常用于制作内衣、夏季T恤衫、汗衫、背心等服装，见表4-6-1。

表4-6-1　薄型针织面料

汗布	棉毛布	珠地网眼布
 	 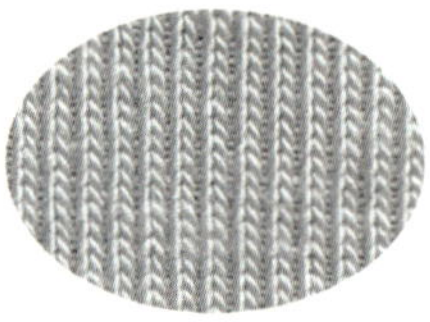	 
采用纬平组织织造而成。布面光洁、纹路清晰、质地细腻、吸湿透气。纵横向均具有较好的延伸性，且横向比纵向延伸性大。缺点是有脱散性、卷边性和线圈易歪斜。一般用于制作内衣、夏季T恤衫、汗衫、背心和手套、袜子等	由两个罗纹组织彼此复合而成的针织面料。手感柔软、弹性好、保暖性好，表面匀整、纹路清晰、不卷边、脱散性小。厚度大于汗布，稳定性优于汗布和罗纹布。可用于制作打底衫、棉毛衫裤、背心、睡衣等	采用集圈组织织造而成。表面具有排列整齐的蜂巢网眼，形状与足球表面相似，比其他针织面料透湿、散热性好，穿着干爽。可用于制作夏季T恤衫、汗衫等

2. 中厚型针织面料

中厚型针织面料通常用于制作春秋季外衣，如运动服、卫衣等，见表4-6-2。

表4-6-2　中厚型针织面料

摇粒绒	毛圈布	涤盖棉

组织纹理清晰、蓬松丰满、保暖性好，具有轻盈、柔软、快干等特点。主要用于制作运动外套，或作为冲锋衣、冬季童装等的里料使用，起到保暖功能	又称卫衣布或鱼鳞布，一面是纬平组织，另一面是排列整齐形似鱼鳞的环状线圈。面料质地丰满厚实，弹性、吸湿性、保暖性均较好。可用于制作卫衣、睡衣、运动服、浴袍等	一种双面针织面料，正面原料为涤纶长丝，反面为涤棉混纺纱或纯棉纱。面料具有挺括、耐磨、吸湿性好、穿着舒适等特点。可用于制作运动服、夹克等

3. 厚型针织面料

厚型针织面料的保暖性非常好，可用于制作保暖型服装，见表4-6-3。

表4-6-3　厚型针织面料

起绒针织布	夹棉绗缝针织布	羊羔绒

起绒纱宜用捻度较小的粗特纱。是一面或两面覆盖着一层稠密短细绒毛的针织面料，分单面绒和双面绒两种。具有手感柔软、厚实、保暖性好等特点。可用于缝制冬季绒衫裤、运动服等	复合面料的一种，两面为针织布，中间填料为絮状合成纤维。手感柔软，具有良好的保暖性。适合制作保暖家居服、保暖内衣或婴幼儿服装等	表面有一层形似羊毛的密集绒毛，比摇粒绒更厚实，保暖性非常好。可用于制作冬季保暖服装、帽子、手套、卡通玩偶等

■ 辩一辩 ■

1. 假如使用同种纤维或纱线，织造针织面料与机织面料。面料克重相同时，针织面料有哪些优点?

2. 列举纬编面料与经编面料各自的优缺点。

3. 薄型针织面料、中厚型针织面料和厚型针织面料的常见品种和优缺点是什么?

■ 练一练 ■

收集针织面料，简单描述面料特点，制作样卡。

附：面料样卡

面　料　样　卡

名称：毛圈布
成分：100% 棉
纱支：$50^S + 16^S$
密度：75 个 /5 cm+90 个 /5 cm
克重：212 g/m^2
幅宽：—
组织结构：针织
用途推荐：运动卫衣、睡衣等

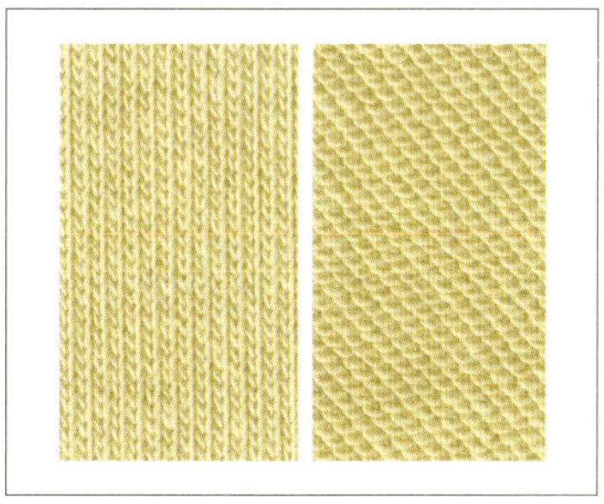

制作人：__________制作时间：__________

二、制作卫衣面辅料样卡

■ 学一学 ■

（一）卫衣面料的特点与运用

卫衣属于运动休闲装，运动休闲装是指运动与休闲风格相结合的服装，品类众多，典型的还有T恤衫、休闲裤等。通常采用透气性良好的全棉/涤棉面料、伸缩性好的针织面料、保暖性较好的摇粒绒面料等制作。镶边、绳带、松紧带、拉链等辅料增强了运动感和功能性，见图4-6-3。

图4-6-3　运动休闲装

运动休闲装在日常生活中穿着概率非常高，尤其适合青少人穿着。但要将卫衣的舒适性、美观性、便利性等特点充分发挥，需要选择适合的面辅料来完成整体设计。

（二）阅读卫衣面辅料选配样卡

设计中学生秋冬季穿着的卫衣，在面辅材料选择时，主要考虑冬季保暖性与运动舒适性的需求。面料选择加厚羊羔绒，袖口和底摆用同色双罗纹束口，帽檐加同色系绳带，既有装饰性，也能在必要的时候收紧帽口，起到保暖的作用。根据表4-6-4中的款式图，选配卫衣的面辅材料，并阅读面辅料选配样卡。

表4-6-4　卫衣面辅料选配样卡

<table>
<tr><td colspan="3">款式名称：秋冬连帽套头卫衣</td></tr>
<tr><td colspan="3">款式介绍：本款连帽套头卫衣，外形宽大，帽檐抽绳，前身采用同面料贴袋，袖口、下摆均采用双罗纹束口</td></tr>
<tr><td colspan="2">成衣照片：
</td><td>款式图：
</td></tr>
<tr><td>面料选配</td><td>面料：加厚加绒羊羔绒
成分：65%棉　30%锦纶　5%氨纶
组织：针织拉绒
克重：485 g/m²
幅宽：160 cm</td><td>
正面

背面</td></tr>
<tr><td>辅料选配</td><td>1. 2+2罗纹：75%棉　20%涤纶　5%氨纶
2. 绳带：直径6 mm，长约135 cm
3. 普通缝纫线</td><td></td></tr>
<tr><td>注意事项</td><td colspan="2">1. 裁剪时确认丝绺方向，避免线圈歪斜
2. 裁剪时不能使用钻孔标记，以免破坏面料
3. 肩缝、袋口易拉长变形处，应加弹力牵条
4. 经常受拉伸的部位应使用弹性好的缝迹，如绷缝、包缝等</td></tr>
</table>

■ 练一练 ■

参考表4-6-4卫衣面辅料选配样卡，选择一款中学生春秋季日常针织运动套装，制作一份面辅料选配样卡，并填入表4-6-5。

表4-6-5　春秋季日常针织运动套装面辅料选配样卡

<table>
<tr><td colspan="3">款式名称：春秋季日常针织运动套装</td></tr>
<tr><td colspan="3">款式介绍：</td></tr>
<tr><td colspan="2" rowspan="2">款式图：
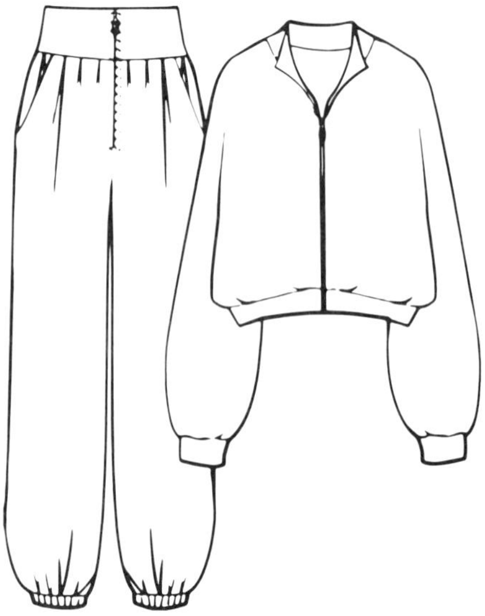</td><td>面料选配：</td></tr>
<tr><td>面料粘贴</td></tr>
<tr><td>辅料选配</td><td></td><td>辅料粘贴</td></tr>
<tr><td>注意事项</td><td colspan="2"></td></tr>
</table>

三、制作家居服面辅料样卡

■ 学一学 ■

（一）家居服特点与面料选配

家居服指人们在家中休息、睡觉或做家务时穿着的服装，要求吸汗透气、柔软舒适、不带静电。常用的原料以天然纤维和人造纤维为主，如棉、麻、真丝、莫代尔、黏胶、莱赛尔等。除纯纺材质外，混纺材质的家居服也有一定占比，如黏涤混纺、棉麻混纺、棉涤混纺等。不同原料家居服的性能优缺点对照见表4-6-6。

表4-6-6　不同原料家居服性能优缺点对照表

原料	优点	缺点
棉	吸湿性好、保暖性好、耐热、抗静电	透气性好、易皱、易变形
亚麻	吸湿性强、透气性佳、出汗后不粘身、穿着挺括有型	外观粗糙、易皱，穿着舒适度一般
莫代尔	柔软贴身、吸湿透气、触感凉爽、布面有光泽、垂坠抗皱、出汗不粘身	面料挺括性差，易破洞变形
黏胶	手感柔软光滑、面料柔软贴身、吸湿透气性好、触感凉爽、垂坠感好	缺乏弹性，不耐水洗；易皱、易缩水变形
莱赛尔	吸湿透气、光泽如真丝、防螨虫、抗静电、触感凉爽	抗皱性差，出汗吸湿后粘身，洗护不方便
真丝	手感柔软、顺滑有光泽、呵护肌肤	容易褪色、勾丝，洗护不方便

家居服面料也应根据季节选择，见图4-6-4。冬季要考虑保暖，如磨毛面料、针织起绒面料、针织夹棉等面料都是较好选择。夏天高温，家居服应选择轻薄凉爽、吸汗透气的面料，真丝面料和莱赛尔面料体感舒适度较高，纯棉面料和黏胶面料性价比较高。春秋时节昼夜温差大，应兼顾吸汗透气和保暖舒适，此时中厚型的纯棉、棉混纺家居服就比较适合。

(a) 夏季家居服

(b) 冬季家居服

图4-6-4　家居服

（二）填写家居服面辅料选配样卡

选配家居服的面辅料时，需要考虑家居服的穿着季节、面料舒适度、手感质量与外观等因素。根据表4-6-7中的款式图，选配春秋款家居服面辅料，并填写面辅料选配样卡。

表4-6-7　春秋款家居服面辅料选配样卡

<table>
<tr><td colspan="3">款式名称：两用领长袖春秋款家居服套装</td></tr>
<tr><td colspan="3">款式介绍：外形较宽松，上装为两用领、单款5粒扣；下装为较宽松长裤，装松紧腰。本款家居服适合春秋季穿着，面料柔软舒适，加入氨纶纤维后，使面料手感更紧实，不易变形松懈</td></tr>
<tr><td colspan="2">成衣照片：
</td><td>款式图：
</td></tr>
<tr><td>面料
选配</td><td>面料名称：棉毛布
组织结构：罗纹复合组织
面料成分：47.1%莫代尔　45.4%棉　7.5%氨纶
纱线细度：60^S
风格特征：布面光洁、纹路清晰</td><td></td></tr>
<tr><td>辅料
选配</td><td>1. 组扣：树脂组扣（18 L ~ 20 L）
2. 松紧带：宽度3.5 cm
3. 配色缝纫线
4. 门襟、领外围、袖口、袋口等处撞色嵌条若干</td><td> </td></tr>
<tr><td>注意
事项</td><td colspan="2"></td></tr>
</table>

■ 练一练 ■

根据表4-6-8中的款式图，为秋冬季家居服（套装）选择适合的面辅料，并填写面辅料选配样卡。

表4-6-8　秋冬季家居服（套装）面辅料搭配样卡

<table>
<tr><td colspan="3">款式名称：秋冬款日常针织家居服</td></tr>
<tr><td colspan="3">款式介绍：</td></tr>
<tr><td colspan="2" rowspan="2">款式图：
</td><td>面料选配：</td></tr>
<tr><td>面料粘贴</td></tr>
<tr><td>辅料
选配</td><td></td><td>辅料粘贴</td></tr>
<tr><td>注意
事项</td><td colspan="2"></td></tr>
</table>

学习评价

请根据表4-6-9所示评价内容对本任务进行自评。

表4-6-9　评价表

时间	评价内容	是/否
课前	准备充分	
课中	1. 认真思考，积极发表意见	
	2. 理解针织面料的基本特点	
	3. 掌握常见针织面料组织结构、风格特点和基本用途	
	4. 了解卫衣的基本特点和面辅料选配方法	
	5. 了解家居服的基本特点和面辅料选配方法	
课后	保质保量，按时完成作业	

课后拓展

1. 逛一逛面料市场，寻找针织面料，概括其特点并整理面料样卡。

2. 通过线下实体店或网店，了解休闲运动服装的品类和常用面料材质，并填入表4-6-10。

表4-6-10 休闲运动服装品类与面料材质市场调查表

服装品类	品牌	使用面料	价格

3. 尝试设计一款由针织面料制作的服装，选配合适的面料和辅料，并填入表4-6-11。

表4-6-11 面辅材料选配与采购单

<table>
<tr><td colspan="6">款式名称：</td></tr>
<tr><td colspan="6">款式图：</td></tr>
<tr><td>材料</td><td>名称</td><td>规格</td><td>数量</td><td>单价/元</td><td>总额/元</td></tr>
<tr><td>面料</td><td></td><td></td><td></td><td></td><td></td></tr>
<tr><td>辅料1</td><td></td><td></td><td></td><td></td><td></td></tr>
<tr><td>辅料2</td><td></td><td></td><td></td><td></td><td></td></tr>
<tr><td>辅料3</td><td></td><td></td><td></td><td></td><td></td></tr>
<tr><td>制单人</td><td></td><td>审核人</td><td></td><td colspan="2">小计</td></tr>
</table>

项目五 服装标志与洗涤收纳

项目导言

在穿着服装的过程中，服装经常会受到灰尘、汗液、油渍等的污染。为了去除污染物、使服装保持清洁卫生，同学们应学会正确洗涤服装。另外，服装因其原料特征、加工方法等差异较大，只有科学地收纳保管，才能使服装颜色、光泽、形态保持得更好，穿用时间更长。

服装洗涤与收纳的方法与服装材质有直接关系，普通消费者哪怕不会辨认服装材质，只要能理解服装标志中的信息，就能正确地选购适合自己的服装，并做到正确洗涤服装、保养服装。

本项目包括两个学习任务，分别是认识与制作服装标志和常见材料服装的洗涤与收纳。通过学习，可以帮助同学们了解服装洗涤与日常收纳的知识。

思维导图

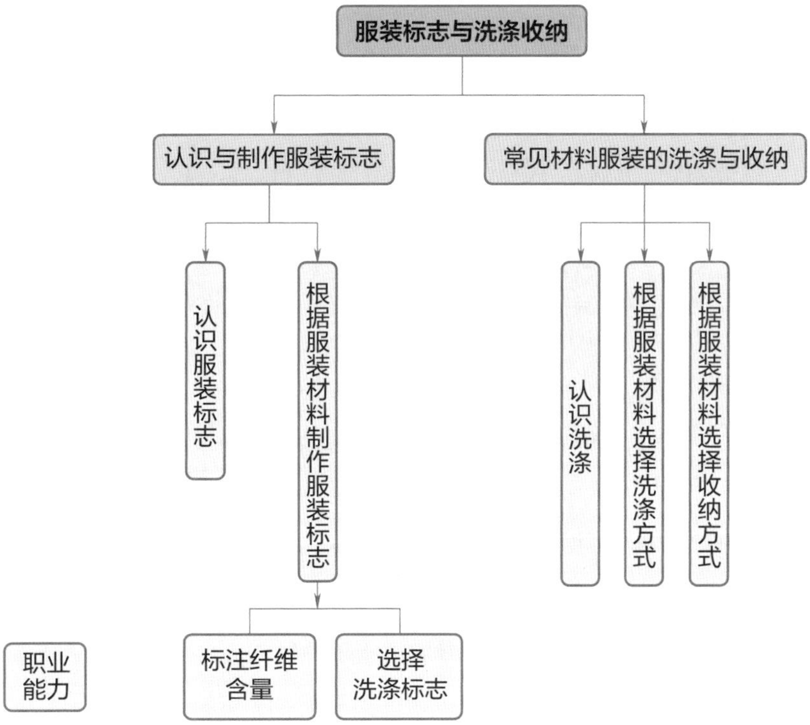

任务一

认识与制作服装标志

学习目标

了解服装标志包含的信息，能根据服装面料制作服装标志。

核心知识

正规厂商出品的服装都有吊牌和标签，如侧缝处的规格与成分标志、后领处的规格标志、内袋处的商标等。服装的各类标志是消费者正确认识服装的重要方法之一。正确、完整的标志能提供准确的服装号型、纤维含量和保养说明等信息，不但是品牌服装的身份证件，也是消费者正确洗涤与维护服装的重要依据，对保障服装品质有着重要的意义。

能力训练

一、认识服装标志

■ 学一学 ■

（一）服装标志的种类

服装标志可分为临时性标志和耐久性标志两种，吊牌为临时性标志，商标和水洗唛、尺码唛均为耐久性标志，其中，耐久性标志应在产品的使用寿命内永久附着在产品上，并能在产品的使用过程中保持字迹清晰、不脱落。具体见表5-1-1。

（二）服装标志信息的表示方法

1. 服装号型

服装产品按《服装号型》（GB/T 1335—2008）规定标注“号型”。“号”指人的身高，是设计和选购服装长短的依据；“型”指人的胸围或腰围，是设计和选购服装肥瘦的依据，两者均以“厘米”为单位。“体型代号”按人体的胸腰差分为Y、A、B、C（童装无体型代号）。除号型外，用XS、S、M、L、XL、XXL等系列字母表示服装规格的方法也比较常见，男士衬衫还可以用领围规格来代表服装规格。

表5-1-1　服装标志的种类

<table>
<tr><th>临时性标志</th><th colspan="3">耐久性标志</th></tr>
<tr><th>吊牌</th><th>商标</th><th>水洗唛</th><th>尺码唛</th></tr>
<tr>
<td>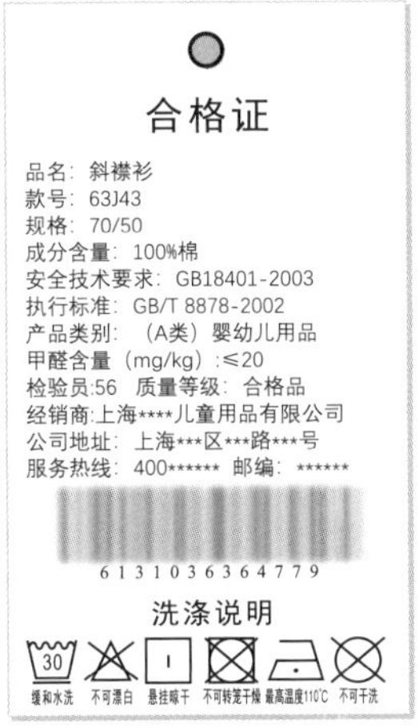</td>
<td></td>
<td>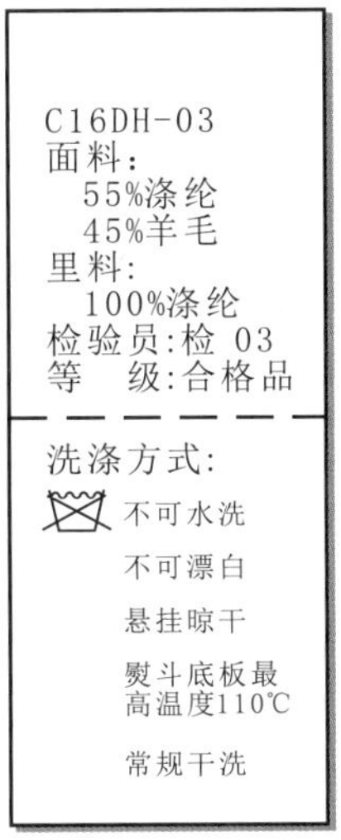</td>
<td>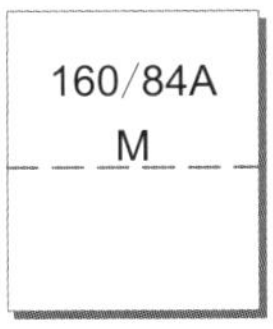</td>
</tr>
<tr>
<td>吊牌集中了服装的所有信息，主要有以下8方面的内容：
① 服装品牌名称/企业名称，
② 产品名称，
③ 服装号型或规格，
④ 纤维成分含量，
⑤ 服装洗涤标志，
⑥ 安全技术类别，
⑦ 质量等级，
⑧ 服装执行标准</td>
<td>服装商标是指用于识别和区分服装品牌的标识或标志。一般缝在领后中或裤腰后中位置。独特、易识别的商标是品牌形象的核心，可以帮助品牌在市场中脱颖而出，方便消费者识别品牌产品，有助于保护品牌的知识产权和商业利益</td>
<td>服装的洗涤标志是一种耐久性标志。上装一般可缝在左摆缝中下部，下装可缝在腰头里子下沿或左边裙侧缝、裤侧缝上。
水洗唛包含两大类信息：
① 纤维成分及含量，
② 服装洗涤与维护方法</td>
<td>服装的规格标志同样是耐久性标志，通常与服装商标一起，固定在服装的后中央（裤腰后中、后领中央或背上部中央）。尺码唛上的主要信息是产品号型或规格信息</td>
</tr>
</table>

2. 纤维名称

纤维名称包含纤维种类及含量，是服装标识的重要内容，也是消费者购买服装制品的重要关注点。因此，正确规范书写服装产品的纤维名称及纤维含量，对维护生产者的合法利益、保护消费者的权益、打击假冒伪劣产品、提供正确合理的保养方法等有着重要的实际意义。

《纺织品化学纤维》[GB/T 4146（1—3系列）]规定了工业化生产的各种化学纤维名称术语（日常流通领域多使用其简称）。《天然纤维　术语》（GB/T 11951—2018）规定了纺织用天然纤维的名称和定义。

纤维名称的标注既不能使用商业名称，也不能使用外来语，还要注意纤维名称不能与产品名称混淆。例如，仿羊绒产品，其纤维含量应标明真实的纤维种类，如羊毛仿羊绒要标为羊毛，腈纶仿羊绒要标为腈纶，均不能标为羊绒。

3. 服装洗涤标志

洗涤方式同样是一个重要信息，因为正确的洗涤方法会让服装保持亮丽如新，而不当的洗涤方法会损伤甚至损坏服装。所以服装洗涤标志必须能够让普通消费者一看就懂，同时服装洗涤标志必须制成耐久性标志附着在服装上。《纺织品 维护标签规范 符号法》（GB/T 8685—2008）规定了标志和图形符号的规范，包括水洗、干洗、漂洗、干燥、熨烫等符号与标志，见表5-1-2。

表5-1-2　水洗、干洗、漂洗、干燥、熨烫类标志

水洗标志

最高洗涤温度30 ℃ 常规程序	最高洗涤温度30 ℃ 缓和程序	最高洗涤温度30 ℃ 非常缓和程序	手洗 最高洗涤温度40 ℃	不可水洗

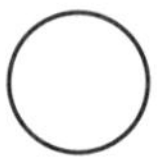

干洗标志

常规干洗	缓和干洗	不可干洗	使用四氯乙烯和符号F代表的所有溶剂的专业干洗	使用四氯乙烯和符号F代表的所有溶剂的专业干洗 缓和干洗	使用碳氢化合物溶剂常规干洗	在F代表的方式下缓和干洗

漂洗标志

允许任何漂白剂	仅允许氧漂/非氯漂	不可漂白

续表

自然干燥标志

悬挂晾干	悬挂滴干	平摊晾干	平摊滴干	在阴凉处悬挂晾干	在阴凉处悬挂滴干	在阴凉处平摊晾干	在阴凉处平摊滴干

翻转干燥标志

		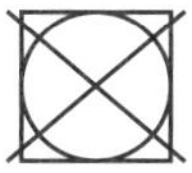
可使用翻转干燥 常规温度，排气口最高温度80 ℃	可使用翻转干燥 较低温度，排气口最高温度60 ℃	不可使用翻转干燥

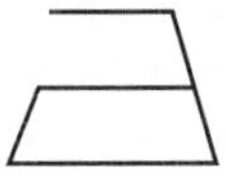

熨烫标志

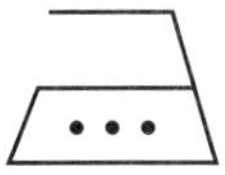	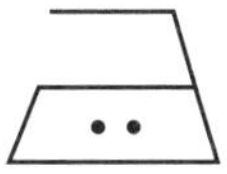	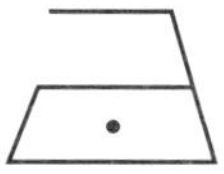	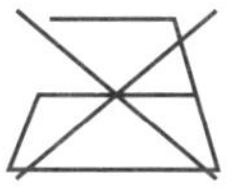
熨斗底板最高温度200 ℃	熨斗底板最高温度150 ℃	熨斗底板最高温度110 ℃ 蒸汽熨烫可能造成不可回复的损伤	不可熨烫

4. 安全技术类别

国家强制性标准《国家纺织产品基本安全技术规范》(GB 18401—2010)，把所有我国境内生产、销售的服用、装饰用和家用纺织产品包含在内，分为三大类：A类——婴幼儿纺织产品，B类——直接接触皮肤纺织产品，C类——非直接接触皮肤纺织产品。该标准对甲醛含量、pH、染色牢度、异味、可分解致癌芳香胺染料等五项指标作出详细的规定。例如，制作婴幼儿贴身衣物，必须选择甲醛含量低于20 mg/kg的A类纺织品，避免婴幼儿细嫩的皮肤因受到超标残留物的刺激而影响健康。

5. 质量等级

一般分为优等品、一等品、合格品等。

■ 辩一辩 ■

1. 服装标志有哪两种?

2. 服装标志中，耐久性标志常见的有哪三种? 分别缝在服装的哪些部位?

3. 服装吊牌中一般应包含哪些信息?

4. 列举并绘制服装洗涤标志。

二、根据服装材料制作服装标志

■ 学一学 ■

（一）服装纤维含量标注规范

根据国家技术监督局颁布的《消费品使用说明 第4部分：纺织品和服装》（GB/T 5296.4—2012）的规定，应对服装面料的纤维成分含量进行标注。

纤维成分含量是纤维名称标注中的重要部分，指组成服装面料的纤维种类，及每种纤维所占的百分比。这是决定服装使用性能的重要指标，也是消费者选购服装时的关注重点之一，更是消费者选择洗涤与维护服装方式的重要参考。

1. 由同一种纤维原料制成的纺织品或服装

在纤维名称前或后加“100%”“纯”或“全”等，见例1。

例1

100%棉	或	纯棉	或	全棉

2. 由两种或两种以上纤维原料加工制成的纺织品和服装

一般按含量递减的顺序，列出每种纤维的名称，并在每种纤维名称前列出该种纤维占产品总体含量的百分率（纤维实际含量与数字误差可在3%范围内）。含量相同情况下，按天然纤维→合成纤维→再生纤维依次排序，见例2。

例2

88%锦纶 12%黏胶	或	40%羊毛 40%涤纶 20%黏胶

纤维含量≤5%，可列出该纤维名称和含量，见例3；也可集中标注为“其他纤维”字样和这些纤维含量的总量，见例4。

例3

50%黏胶
46%涤纶
4%羊毛

例4

50%黏胶
46%涤纶
4%其他纤维

当产品中有两种及以上纤维原料含量各≤5%且总量≤15%时，可集中标为“其他纤维”，见例5。

例5

90%醋纤
5%黏胶
5%氨纶

或

90%醋纤
10%其他纤维

3. 由地组织和绒毛组织组成的纺织品和服装

分别标注每种纤维的含量，或分别标明绒毛和基布中每种纤维的含量，见例6。

例6

绒毛：100%人造丝
基布：100%桑蚕丝

4. 有里料的纺织品和服装

应各自标明面料和里料的纤维含量，见例7。

例7

面料：80%羊毛　20%涤纶
里料：100%醋酯

5. 含有填充物的纺织品和服装

应标明填充物的种类和含量，羽绒填充物应标明绒子含量和充绒量，见例8。

例8

面料：100%涤纶

里料：100%涤纶 大身填充物：白鸭绒　绒子含量：70% 充绒量：140 g

6. 由两种或两种以上不同质地的面料构成的单件纺织品和服装

应分别标明每部分面料的纤维名称及含量，见例9。

例9

前片：桑蚕丝100% 其余：黏胶100%

（二）常见纤维类服装洗涤标志

常见纤维类服装的洗涤标志，见表5-1-3。

表5-1-3　常见纤维类服装洗涤标志

常见纤维类服装	常用洗涤标志
棉质服装	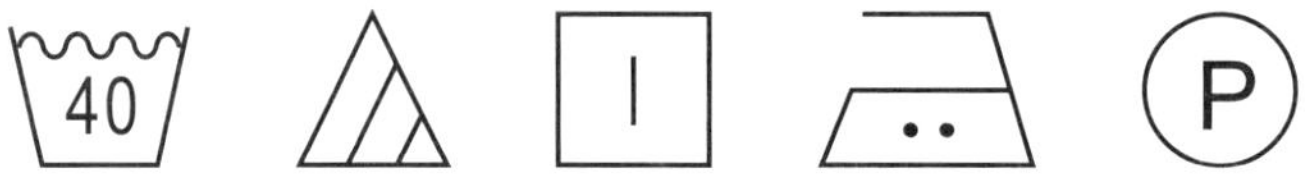
麻质服装	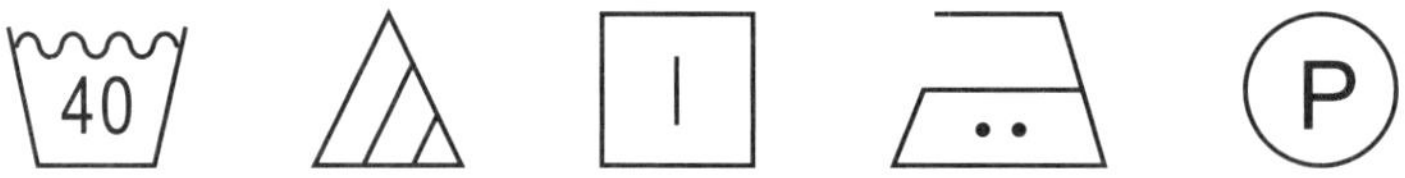
机织毛料服装	
针织毛料服装	
丝质服装	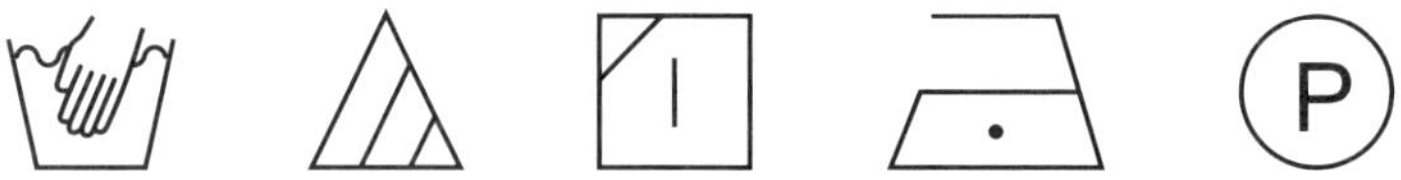
黏胶纤维服装	
涤纶纤维服装	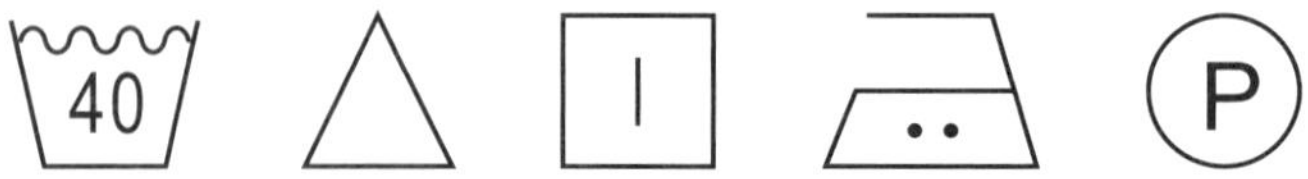
锦纶纤维服装	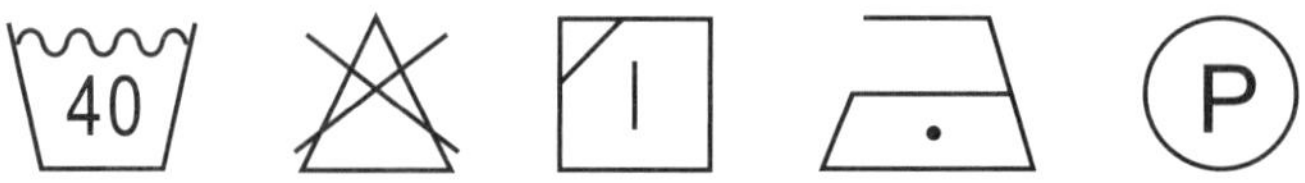

■ 辩一辩 ■

下列纤维成分含量标注若有错误，请订正并说明理由。

标注：

49%棉 51%聚酯纤维	45%棉 50%麻 5%氨纶	50%维纶 50%棉	73.5%棉 18.5%锦纶 3%氨纶

订正处：

（三）制作商务男西服洗水唛

按表5-1-4款式图及吊牌，制作全毛商务男西服水洗唛。

表5-1-4　全毛商务男西服吊牌与水洗唛信息

款式图	吊牌	水洗唛
	产品名称：男西服 号型：175/92A 纤维成分：面料：100%羊毛 　　　　　里料：100%黏胶 安全技术要求： 执行标准：GB/T 2664—2017 洗涤说明： 产品等级：优等品	面料： 里料： 检验员： 等级： --------------- 洗涤方式：

■ 练一练 ■

1. 参考表5-1-4，填写表5-1-5全棉婴儿爬服吊牌与水洗唛信息。

表5-1-5　全棉婴儿爬服吊牌与水洗唛信息

款式图	吊牌	水洗唛
	产品名称： 号型： 纤维成分： 安全技术要求： 执行标准： 洗涤说明： 产品等级：	面料： 里料： 检验员： 等级： --------------- 洗涤方式：

2. 参考表5-1-4，填写表5-1-6真丝连衣裙吊牌与水洗唛信息。

表5-1-6　真丝连衣裙吊牌与水洗唛信息

款式图	吊牌	水洗唛
	产品名称： 号型： 纤维成分： 安全技术要求： 执行标准： 洗涤说明： 产品等级：	面料： 里料： 检验员： 等级： --------------- 洗涤方式：

学习评价

请根据表5-1-7所示评价标准对本任务进行自评。

表5-1-7　评价表

时间	评价内容	是/否
课前	准备充分	
课中	1. 认真思考，积极发表意见	
	2. 了解服装标志的种类	
	3. 了解服装洗涤标志	
	4. 掌握服装纤维名称表示方法	
课后	保质保量，按时完成作业	

服材拓知

神秘又无处不在的标准

国际标准由国际标准化组织制定。国际标准化组织（International Organization for Standardization，ISO），是一个全球性的非政府组织。国际标准化组织的宗旨是：在世界范围内促进标准化工作的开展，以利于国际物资交流和互助，并扩大知识、科学、技术和经济方面的合作。主要任务是：制定国际标准，协调世界范围内的标准化工作，与其他国际性组织合作研究有关标准化问题。小到日常常用的A4纸尺寸，大到集装箱规格，都是由国际标准化组织统一制定并发布的。

除国际标准之外，《中华人民共和国标准化法》将中国标准分为国家标准（GB）、行业标准（如FZ是纺织行业标准，QB是轻工业行业标准）、地方标准（DB）、企业标准（Q/××）四级，分别由国务院、行业相关行政主管部门、省（自治区、直辖市）和企业制定。行业标准和地方标准均为国家标准的补充，须报上一级行政主管部门备案。企业生产的产品没有前述标准的，应当制定企业标准，作为组织生产的依据，须报当地政府相关部门备案。国家也鼓励企业制定高于国家标准或行业标准的企业标准，在企业内部适用。

课后拓展

搜集至少五种服装/纺织类标准，并填入表5-1-8。

表5-1-8　服装/纺织类标准举例

序号	标准编号	标准名称	标准等级类型
例	GB 18401—2010	国家纺织产品基本安全技术规范	国家级/强制
1			
2			
3			
4			
5			

任务二
常见材料服装的洗涤与收纳

学习目标

了解服装洗涤与收纳知识，能在生活中正确洗涤、维护各类服装。

核心知识

在穿着服装过程中，不可避免地会受到灰尘、人体分泌物等污染。而不同的污物、不同材料的服装，有着不同的洗涤方法。另外，为了更长久地穿用服装，保持其原有的性能和形态，同学们要学会根据不同纤维材料的特性，进行有针对性地洗涤与维护保管。

能力训练

一、认识洗涤

■ 学一学 ■

（一）水洗和干洗

根据洗涤介质不同，衣物的洗涤通常有水洗和干洗两种方法。

1. 水洗

水洗是将洗涤剂溶于水中来清洗衣物。由于水洗较为简单、方便且经济，所以，家庭普遍采用水洗。为达到最佳洗涤效果，洗前把衣物在冷水中浸泡一段时间，可使附着在衣物表面的灰尘、污垢、汗液等脱离衣物而游离入水，既可提高洗涤质量，又可节约洗涤剂；同时可利用水的渗透，使衣物充分膨胀，有利于洗涤剂进入。水洗要素有浸泡时间、水温、pH、洗涤剂种类和洗涤剂浓度等。

水洗时应注意浸泡时间要适度，否则会适得其反。并且可根据衣物的新旧、厚薄、脏污程度等特点作适当调整。

纤维损伤最小的水洗是在合适的pH下洗涤，以使纤维的膨化程度最小。例如，洗涤蚕丝和毛织物的合适pH为4.5，纤维素纤维织物的合适pH为6.5 ~ 7，锦纶织物的合适pH为5左右。洗涤剂的浓度对洗净力的影响很大，浓度过低洗净力不足，浓度过高会使洗下的污垢与服装重新接触、吸附造成再次污染，所以洗涤前应参考洗涤剂的使用说明。

洗涤温度是洗涤过程的重要影响因素，对洗涤效果影响很大。理论上讲，温度越高，洗涤效果越好；实际上还受到纤维的耐热性、染料的耐温性等因素限制。具体而言，洗涤温度一般以30 ℃ ~ 40 ℃为宜。

2. 干洗

干洗是采用挥发性有机溶剂或干洗用合成洗涤剂为洗涤剂和洗液的洗涤方式。与水洗相比，干洗后的服装不变形、不褪色，对纤维损伤小。毛织物通常会有缩绒现象，因此高档毛料西服大衣、羊绒衫、厚重丝绸、毛皮服装等均应干洗。

干洗虽然容易洗去油污，但较难去除水溶性污垢，也容易发生再次污染。为此，实际操作时可采用掺水干洗法，即在溶剂中加入微量水分和表面活性剂的混合液的洗涤方法。干洗一般需经专业洗涤才能够完成，所以多为工业化作业。

（二）洗涤剂的选择

洗涤剂的种类繁多，性质各异，因此需要根据不同洗涤对象的特点来搭配合适的洗涤剂，以免对服装造成意外损伤，洗涤剂类型、特点及洗涤对象见表5-2-1。

表5-2-1　洗涤剂类型、特点及洗涤对象

洗涤剂类型	特点	洗涤对象（纺织品或服装）
皂片	中性	精细丝、毛
丝、毛洗涤剂	中性、柔滑	精细丝、毛
洗净剂	弱碱性（相当于香皂）	污垢较重的丝、毛、拉毛
肥皂	碱性，去污力强	棉、麻及混纺
一般洗衣粉（25型）	碱性	棉、麻、化纤及其混纺
通用洗衣粉（30型）	中性	厚重丝、毛及合纤
加酶洗衣粉	能分解奶汁、肉汁、酱油渍、血渍等	各类较脏衣物
含荧光增白剂洗涤剂	增加衣物洗涤后的光泽和白度	浅色织物、夏季衣物、床上用品
含氯洗涤剂	具有漂白作用	丝、毛、合纤及深色、花色织物慎用

■ 辩一辩 ■

洗涤方式有哪两种？各有哪些优缺点？

二、根据服装材料选择洗涤方式

■ 学一学 ■

（一）常见服装面料洗涤要点

常见服装面料特点及相应的洗涤温度和建议使用的洗涤剂见表5-2-2。

表5–2–2　常见服装面料洗涤要点

服装面料	面料特点	洗涤温度/℃	洗涤剂
棉纤维	纤细柔软、吸湿性好，长时间日晒易变黄。棉质面料抗皱性较差，易褶皱。棉织物染色性好，颜色鲜艳，但遇热水易褪色	25 ~ 40	碱性或中性
麻纤维	吸湿性好，缺点是弹性较差，极易褶皱。麻纤维较粗硬，纤维间抱合力差，洗涤时不宜用力搓或用刷子刷洗，晾晒前不宜用力拧，否则表面易起毛，从而影响服装外观和牢度	25 ~ 40	碱性或中性
丝纤维	质地轻盈柔软、细腻光滑，但其对洗涤与维护要求很高。丝纤维耐碱性很差，必须使用中性洗涤剂或专用的丝毛洗涤剂。丝纤维耐盐性很差，受汗水浸渍后必须及时洗涤，否则极易发黄，失去原有光泽。丝纤维的耐日光性也很差，不能在阳光下晾晒	25 ~ 30	中性或弱酸性
毛料	具有良好弹性、耐磨性、保暖性、吸湿透气性、染色性等，但耐碱性差，洗涤时应使用中性洗涤剂或专用的丝毛洗涤剂，还要注意防止发生“缩绒”。因此洗涤毛料服装时应尽量避免水洗	25 ~ 30	中性或弱酸性
黏胶纤维	湿态时强度低，洗涤时不宜在水中浸泡过长时间，而应随浸随洗。洗涤时也不能用力揉搓，防止在洗涤过程中损坏衣物。颜色较深的黏胶纤维服装尽量单独洗涤，以防止掉色后沾染别的服装	25 ~ 40	碱性或中性
涤纶纤维	弹性、抗皱性、耐磨性和强度均较好，具有良好的保形性，但是吸湿透气性、抗熔性和抗起毛起球性差。涤纶纤维具有易洗、快干、免烫的优点，但部分涤纶纤维服装由于染色工艺等因素影响，水洗色牢度、摩擦色牢度均较低	25 ~ 40	一般洗涤剂
锦纶纤维	强度高、弹性好、耐磨性好，且质地轻盈，是运动服、羽绒服的首选面料。但耐热性、抗皱性和保形性较差	25 ~ 40	一般洗涤剂

（二）其他服装面辅（填）料的洗涤要点

（1）颜色深浅差别较大的服装不能一起洗。

（2）真丝织物湿态抗皱性差、多次熨烫容易发黄，因此真丝服装晾晒前应带水抖直，晾至半干时抚平整形，尽量减少晾干后的熨烫次数。

（3）浮纱较长的缎纹类面料，应翻面后洗涤，不能与其他粗糙的面料同时洗涤，也不能用刷子刷洗以防止起毛。

（4）香云纱面料表面有涂层，为避免涂层脱落，洗涤时使用少量中性洗涤剂，短时间浸泡后，轻轻揉搓并漂洗干净。

（5）丝绒类面料不能机洗或用力揉搓，也不能用熨斗在正面压烫。

（6）洗涤前应拆卸如毛领、皮带等材质与服装主体不同的服装部件。使用洗衣机洗涤时，尽量拆卸拉链头等金属件。

（7）钉珠、饰钻类服装不能机洗，应翻面后小心手洗。

（8）植绒、绣花、胶印类服装宜缓和机洗。

（9）羽绒服必须水洗，而且是手洗。由于内部填充的羽绒成分为蛋白质，因此不能使用碱性强的肥皂或普通洗衣粉。机洗和甩干都会使羽绒集中在一侧，导致填充物厚薄不均匀，影响外形和保暖性。羽绒服洗好后，应将水分挤出、挂起，晾至半干和全干时，均需轻轻拍打，使羽绒恢复膨松状态，也能防止黏结在一起的羽绒团内残留水分，不易晾干。

■ 练一练 ■

根据不同服装，选择合适的洗涤方式、洗涤剂和洗涤标志，并填入表5-2-3。

表5-2-3 洗涤方式、洗涤剂和洗涤标志

服装类型	洗涤方式（水洗或干洗）	洗涤剂（弱酸性/中性/碱性）	洗涤标志
丝光棉T恤衫			
真丝印花连衣裙			
精纺羊毛外套			
涤纶女西裤			

■ 辩一辩 ■

如何根据面料特点选择正确的洗涤方式？

三、根据服装材料选择收纳方式

■ 学一学 ■

阳光中的紫外线、空气中的水分等都对服装质量有不同程度的影响，从而影响其使用价值，常见的质量变化有褪色、发脆、虫蛀、霉烂、鼠咬等。根据服装材料的成分特点，采用科学的收纳方式，可以延长服装使用时间。

几乎所有的服装在收纳过程中都必须做好避光、防潮处理。当然，由不同纤维原料制成的服装，在收纳时必须看清成分标志，采用不同的保管方式。

（一）棉麻类服装收纳

收纳棉麻服装前，要清洗干净并晾干，不能在阳光下长时间曝晒，不能留下水分和污渍，尤其是油渍。棉质服装，尤其是棉针织服装一般采用折叠式收纳，折叠平整后用塑料袋密封防潮，避免存放在潮湿、闷热环境中，否则容易霉变。

（二）羊毛类服装收纳

收纳前必须清洗干净并晾干，不能在阳光下长时间曝晒。针织类服装挂装容易变形，必须折叠平整后装袋，并放入防蛀剂。注意防蛀剂不能与服装直接接触，可以事先用纸巾、碎布等包裹。机织类服装在内袋中放入防蛀剂，外罩塑料防尘袋，并采用挂装形式，以保持挺括状态。

羊毛具有良好的缓弹性变形能力，羊毛类服装穿着时间不宜过长，一般穿着数天就应换下，给予服装充分休息和自然回复的时间，避免纤维因过度疲劳而无法自然回复。

当针织类羊毛衫内穿时，应搭配具有光滑细腻里料的外套，内袋不要装硬物，内部标志不能太硬，以免因局部摩擦导致羊毛衫起毛起球。

（三）真丝类服装收纳

真丝类面料服装大多为缎纹织物，极易被勾丝导致面料起毛，因此穿着时不要与表面粗糙的家具或其他物体接触，如边角破损毛糙的凳面、质地粗硬的沙发等，以免被勾挂和摩擦起毛。真丝类面料遇香水容易留下斑渍，不可直接向真丝服装喷洒香水。真丝类面料同样要防虫、防蛀。

（四）再生纤维类服装收纳

黏胶类服装易磨损、变形，洗净晾干后宜叠放不宜挂装，黏胶纤维的吸湿性仅次于羊毛，收纳时要做好防潮工作。天丝服装适宜阴干，不宜拧干。竹纤维具有抗菌作用，防霉性好，服装洗净后保存简单方便。

（五）合成纤维类服装收纳

合成纤维吸湿性差，具有易洗快干、不霉不蛀的优点，易于保管。与其他纤维混纺或交织时，应以其他纤维的维护方法为准。例如，涤纶类服装不易虫蛀，但与羊毛纤维混纺后，同样需要放置防虫剂。

（六）裘皮类服装收纳

裘皮类服装很娇贵，保存要求较高，除做好防潮防虫工作之外，还要注意不能折叠或在其上面堆放其他物品，避免折坏面料，留下不可去除的痕迹。不宜使用塑料袋密封，要多次、短时晾晒。

（七）羽绒类服装收纳

羽绒服体积较大，可放入适量用纸包好的防虫剂后，放入密封塑料袋保存。用吸风设备把空气吸干后不但可以缩小体积，还可以大量减少水分，能够起到良好的防霉防皱作用。

学习评价

请根据表5-2-4所示评价内容对本任务进行自评。

表5-2-4　评价表

时间	评价内容	是/否
课前	准备充分	
课中	1. 认真思考，积极发表意见	
	2. 能根据不同服装选择洗涤方式	
	3. 认识各类洗涤标志	
	4. 掌握服装面料的洗涤与收纳方法	
课后	保质保量，按时完成作业	

课后拓展

请向家人和朋友普及正确的服装洗涤与收纳知识。

参考书目

［1］沈雁. 服装材料 [M]. 北京：高等教育出版社，2017.

［2］邢声远. 服装面料简明手册 [M]. 北京：化学工业出版社，2012.

［3］王利君. 服装材料 [M]. 浙江省教育厅职成教教研室，组编. 北京：高等教育出版社，2010.

［4］朱松文，刘静伟. 服装材料学：4版 [M]. 中国纺织总会教育部，组编. 北京：中国纺织出版社，2010.

［5］周璐瑛，王越平. 现代服装材料学：2版 [M]. 北京：中国纺织出版社，2011.

［6］康强. 服装材料与测试技术 [M]. 上海：东华大学出版社，2014.

读者意见反馈

为收集对教材的意见建议，进一步完善教材编写并做好服务工作，读者可将对本教材的意见建议通过如下渠道反馈至我社。

咨询电话　400-810-0598

反馈邮箱　zz_dzyj@pub.hep.cn

通信地址　北京市朝阳区惠新东街4号富盛大厦1座
　　　　　高等教育出版社总编辑办公室

邮政编码　100029

防伪查询说明

用户购书后刮开封底防伪涂层，使用手机微信等软件扫描二维码，会跳转至防伪查询网页，获得所购图书详细信息。

防伪客服电话 （010）58582300

学习卡账号使用说明

一、注册/登录

访问 https://abooks.hep.com.cn，点击“注册/登录”，在注册页面可以通过邮箱注册或者短信验证码两种方式进行注册。已注册的用户直接输入用户名加密码或者手机号加验证码的方式登录。

二、课程绑定

登录之后，点击页面右上角的个人头像展开子菜单，进入“个人中心”，点击“绑定防伪码”按钮，输入图书封底防伪码（20位密码，刮开涂层可见），完成课程绑定。

三、访问课程

在“个人中心”→“我的图书”中选择本书，开始学习。

如有账号问题，请发邮件至：4a_admin_zz@pub.hep.cn。